ro
ro
ro

ro
ro
ro

Warum schimmeln wir nicht wie Toastbrot? Wie viel Chemie steckt in einem Streichholz? Wieso leuchtet Blut? Wie funktioniert das Immunsystem? Chemie umgibt uns überall, ob wir essen, trinken oder arbeiten – auch wenn das den meisten von uns gar nicht bewusst ist und wir «Chemie» mit formelreichen und komplizierten Schulstunden verbinden. Doch chemische Reaktionen ermöglichen überhaupt erst Leben. Andreas Korn-Müller versteht es, das Faszinierende an der Chemie aufzuzeigen und sie verständlich und mit einer Prise Humor zu erklären.

Dr. rer. nat. Andreas Korn-Müller (Jg. 1966) ist seit 1997 freiberuflicher Chemiker, Wissenschafts-Entertainer und Autor und arbeitet auf dem Gebiet Wissenschaftsvermittlung / Sciencetainment. Mit seinen fulminanten Science-Shows tourt der Meister der Säuren und Salze als «Magic Andy» durch Deutschland und Europa und stand selbst in Bangkok und Abu Dhabi bereits auf der Bühne. Sein Spektrum reicht von Auftritten im Deutschen Museum bis zur Kinder-Uni, von Pro7 bis ZDF. Darüber hinaus konzipiert der mehrfach ausgezeichnete Chemiker Ausstellungen und Shows für wissenschaftliche Museen. Mehr über den Autor, seine Shows und Bücher erfahren Sie unter www.korn-mueller.de oder www.science-comedy.com.

Andreas Korn-Müller

Da stimmt die Chemie

Wissenswertes aus dem Reich
der Moleküle

Rowohlt Taschenbuch Verlag

Originalausgabe
Veröffentlicht im Rowohlt Taschenbuch Verlag,
Reinbek bei Hamburg, Juli 2012
Copyright © 2012 by Rowohlt Verlag GmbH,
Reinbek bei Hamburg
Lektorat Evelin Schultheiß

Umschlaggestaltung ZERO Werbeagentur, München
(Foto: © Thorsten Wulff)
Satz Thesis PostScript, InDesign,
bei Dörlemann Satz, Lemförde
Druck und Bindung CPI – Clausen & Bosse, Leck
Printed in Germany
ISBN 978 3 499 62816 0

Das für dieses Buch verwendete FSC®-zertifizierte Papier
Classic liefert Stora Enso, Finnland.

Inhalt

Einleitung

Als ich mich 1997 dazu entschieden hatte, meine Forscher-
laufbahn an den Nagel zu hängen und stattdessen mein
Chemielabor auf die Showbühne zu verlegen, erntete ich von
vielen Kollegen, den Professoren, meinem Doktorvater unver-
ständiges Erstaunen. (Mein Doktorvater hat meinen Schritt bis
heute noch nicht ganz verkraftet. Das ehrt mich.) 1993 kam mir
erstmals der Gedanke, chemische bzw. naturwissenschaftliche
Inhalte in Form von spektakulären und verblüffenden Experimenten unterhaltsam in einer «Chemie-Show» zu verpacken
und zu präsentieren. Daraus entstand schließlich mein Unternehmen «science comedy» und mein Künstlername «Magic
Andy».

Der damalige Generaldirektor des Deutschen Museums,
selbst Chemie-Professor, setzte sich trotz anfänglicher Bedenken für mich ein und unterstützte mein Vorhaben, Chemie in
einer Show auf die Bühne zu bringen. Mittlerweile habe ich
sieben verschiedene Shows im Programm und bin stets darum
bemüht, die breite Öffentlichkeit für die Naturwissenschaft, insbesondere die Chemie, zu begeistern.

Viele Menschen zeigen sich nach meinen bisherigen Erfah-
rungen durchaus offen und interessiert der Chemie gegenüber.
Was ihnen fehlt, ist lediglich das grundsätzliche Verständnis
und damit ein praktikabler Zugang. Wie oft habe ich von Schülern, aber auch von vielen Erwachsenen gehört, dass sie Chemie
in der Schule gehasst und deswegen bei der ersten Gelegenheit
abgewählt haben. Chemie ist definitiv kein Lieblingsfach. Und
warum ist das so? Wahrscheinlich wegen der vielen Formeln,
die man auswendig lernen muss, der schwierigen Reaktionsglei-

chungen und vor allem dem Mangel an (spannenden und anschaulichen) Experimenten im Unterricht.

Mich haben schon viele Zuschauer gefragt, warum ich kein Chemielehrer geworden sei. Solche motivierenden Vermittler einer eigentlich faszinierenden Sache bräuchte man an den Schulen, die könnten die Schüler begeistern und an das Fach heranführen. Das mag schon sein. Doch den Schwarzen Peter auf vermeintlich unfähige Lehrer zu schieben, ist meiner Meinung nach zu kurz gedacht. Die Pädagogen müssen sich an enge Lehrpläne halten, ihnen fehlen oft die Mittel und die Zeit für tolle Experimente im Unterricht, damit also der nötige Spielraum, bei ihrem «Publikum» spontane Begeisterung zu erzeugen. Dementsprechend wundert es nicht, dass das Gros der Leute erschreckend wenig über Chemie, die natürlichen chemischen Vorgänge, weiß und viele vor dem Hintergrund dieser Unkenntnis ein generelles Misstrauen gegenüber dieser Wissenschaft vom Aufbau, den Eigenschaften und der Umwandlung natürlich vorkommender Stoffe hegen. «Chemie» kommt aus Sicht vieler direkt nach Atommüll, könnte man manchmal meinen. Im Gegensatz dazu strahlt die Biologie geradezu im Glanz ihrer Akzeptanz und des ihr entgegengebrachten Interesses, scheint Natur pur zu sein, und das, obwohl sich alle Vorgänge der Biologie letztlich auf chemische Prozesse reduzieren lassen (und die chemischen letztlich auf physikalische und diese wiederum auf mathematische).

Es ist geradezu erschütternd, was und wie viel an chemischem Unsinn als «wahr» und unhinterfragt in manchen Gruppen, mitunter auch in den Medien kursiert. Ich habe bisweilen den Eindruck, dass Chemie für viele mehr eine Frage des festen Glaubens als des objektiven Wissens ist. Wenn eine zu Recht auf die gesunde Ernährung ihrer Kinder achtende Mutter behauptet, Haushaltssalz bestehe nur aus schädlichem, künstlichem Natriumchlorid, wohingegen natürliches, biologisches Meersalz fast kein Natriumchlorid enthalte und daher besser für den Körper sei, bin ich erst mal platt. Die stichhaltige Erklärung, geschweige denn den Beweis für diese Behauptung will ich gar nicht erst erfragen.

Allerdings muss die Chemie auch stets selbstkritisch sein und bleiben. Jahrzehntelang hat vor allem die chemische Industrie nicht unbedingt zur Akzeptanz der Chemie beigetragen und es versäumt, ihre Praxis der Bevölkerung gegenüber möglichst transparent zu gestalten. Es gab Medikamenten- und Abfallskandale, Unfälle und Umweltverschmutzungen. Die großtechnische Chemie muss mit einem gewissen Maß an Risiko leben und Unfälle einkalkulieren. Doch sollte sie gerade deswegen der Bevölkerung möglichst ehrlich begegnen und im Fall eines Falles offen kommunizieren.

Dies ändert jedoch nichts an der Tatsache, dass wir alle biologischen Prozesse, alle biologischen Lebensabläufe als (komplexe) chemische Reaktionen auffassen müssen. Zugegeben, unsichtbare Atome oder Moleküle sind auf den ersten Blick nicht so spektakulär wie die Erklärung des ultraschnellen Flügelschlags beim Kolibri oder der Fischjagdtechniken der Delfine. Weil alles in der Chemie winzig klein und abstrakt ist, lässt sie eben in den meisten Fällen Unsicherheit und Ratlosigkeit zurück, ganz im Gegensatz zur Physik, deren «Phänomene» man wenigstens anfassen und daher verstehen kann und die im Alltag sehr viel offensichtlicher vorkommen. Noch anschaulicher und noch konkreter ist eben die Biologie – angeblich *die* Wissenschaft von der Natur schlechthin. Dabei steht die Chemie genau genommen mindestens ebenso für Mutter Natur – sie ist, so behaupte ich, sogar das A und O: Das ganze Leben beginnt mit einer chemischen Reaktion und endet auch damit.

Der generelle Trend zur völlig gegensätzlichen Wahrnehmung und Aufnahme von einerseits Biologie – alles, was Bio ist, ist natürlich und gut – und andererseits Chemie – alles, was Chemie ist, ist künstlich und schlecht – scheint mir besonders extrem ausgeprägt bei Nahrungsmitteln und Essensthemen sowie bei Medizin- und Gesundheitsthemen. Daher beschäftige ich mich in diesem Buch auch in den Kapiteln «Chemische Delikatessen – Essen und Küche» und «Chemielabor Mensch – unser Körper» mit diesen Bereichen. Wie auch bei den übrigen Themen im Buch versuche ich, hier den Vorhang zu lüften, Sie als Leser hinter die Kulissen der chemischen Reaktionen blicken zu lassen und Ihnen die Faszination, die für mich von der Chemie als Grundlage aller Vorgänge und Prozesse ausgeht, zu vermitteln.

Mir ist es ein Anliegen – wie bei meinen Bühnenshows –, dass Sie einen offenen und gleichzeitig genauen Blick für die Chemie in all ihren Formen bekommen. Daher habe ich die einzelnen Themen im Buch recht breit gefächert, sodass für jeden etwas dabei sein sollte. Bei den «brenzligen» und «brisanten» Molekülen geht es um Feuer, Explosivstoffe und Feuerwerk – die mitunter deutlichsten und drastischsten, aber auch schönsten und spannendsten Facetten der Chemie. Es handelt aber auch davon, wie man Feuer wieder löschen kann und warum in aller Welt Steine nicht brennen können. Bei den «historischen Erfindungen» werden Sie ungewöhnliche Anwendungen chemischer Reaktionen kennenlernen, vom Feuerzeug und Glühstrumpf über Thermitverfahren bis hin zum Hightech-Gummi. Doch bevor Sie medias in res gehen und in die Tiefen der Moleküle blicken, beschäftigt sich das erste Kapitel mit den allgemeinen Grundlagen der Chemie – «für alle Chemie-Abwähler». Hier werden Sie mit dem chemischen Handwerkszeug vertraut gemacht, grundlegende Zusammenhänge aufgefrischt und anschaulich aufgezeigt, was die Welt im Innersten zusammenhält: Gemeint sind natürlich die Atome, die Elementarteilchen. Kaum ein anderes Teilchen hat die Menschheit so geprägt wie das Atom (Atommodell, Atomzeitalter, Atombombe, Atomreaktor, Atomuhr, Atomkatastrophe). Die Quintessenz des Aufbaus der Materie und Einsteins berühmter Weltformel $E = m \times c^2$ habe ich als komprimierte Zusammenfassung des atomaren Mikrokosmos in mein «Atom unser» gebracht.

Atom unser
Atom unser im Vakuum
Geheiligt werde deine Entdeckung
Deine Elektronen kommen
Deine Fusion geschehe
Wie in der Sonne so auf Erden
Unsere tägliche Energie gib uns heute
Und vergib uns unsere GAUs
Wie auch wir vergeben unseren Politikern
Und führe uns nicht in deine Spaltung
Sondern erlöse uns von dem Energieproblem
Denn dein ist die Fusion
Und die Kraft
Und die Spaltbarkeit
In Ewigkeit
Quarks.

Die Chemie ist eine faszinierende Welt, die vom Enzym bis zum Feuerwerk reicht. Werden ihr noch verblüffende Experimente beigegeben, kommt sogar größte Begeisterung auf, egal, ob Schüler der Klasse 4a aus Buxtehude sie sehen oder Jürgen von der Lippe darüber staunt. Weil ich schon so viele Fans damit begeistern konnte, finden Sie im Kapitel «Wenn Moleküle tanzen – Freizeit und Party» eine ganze Reihe meiner spektakulärsten und schönsten Experimente aus meinen Shows, wie beispielsweise den magischen Kondomkaktus, das «Zauber-Bier» und die «Zauber-Cola», Leuchteffekte mit Waschpulver und «Softeis» aus Blut. Vorab schon einmal ein kleiner, aber wichtiger Hinweis zu den Experimenten: Bitte halten Sie sich unbedingt an die Rezeptvorschriften und Sicherheitsmaßnahmen wie Schutzbrille und Schutzhandschuhe an den Stellen, die durch die Gefahrensymbole (siehe nächste Seite) gekennzeichnet sind. Für eventuelle Schäden oder Verletzungen können der Verlag und der Autor keine Haftung übernehmen. Bestandteile und Stoffe, deren Handhabung Risiken einschließen kann, sind mit den allgemein verbindlichen Symbolen (ätzend, entzündbar, brandfördernd, reizend / gesundheitsschädlich) entsprechend gekennzeichnet. Bitte beachten Sie diese Kennzeichnungen für den Umgang mit den Stoffen.

Ich habe versucht, mit ungewöhnlichen Modellen, Metaphern und Parallelen die Welt der Moleküle anschaulich darzustellen – ganz im Gegensatz zu dem, was die Chemie vielleicht sonst so abschreckend wirken lässt. Im Internet und anderen Publikationen werden Sie jedenfalls garantiert nichts davon lesen, dass man das Aids-Virus mit einer Pralinenschachtel und Antikörper mit Fausthandschuhen vergleichen kann. Und von Elektronen als Außenminister? Auch die tauchen für Sie exklusiv nur in diesem Buch auf!

Ich wünsche Ihnen viel Freude beim Lesen und Experimentieren! Lassen Sie es krachen, leuchten, zischen, brodeln ...

Dr. rer. nat. Dipl.-Chem. Andreas Korn-Müller
(«Magic Andy»)

Im Buch verwendete Gefahrensymbole

 entzündbar

 entzündend (oxidierend) wirkend

 auf Metalle korrosiv wirkend, hautätzend, schwere Augenschädigung

 reizend!

I.

Grundlagen für alle Chemie-Abwähler

✳ ✳ ✳

Gehören Sie auch zu den 90 Prozent der Bevölkerung, die Chemie in der Schule gehasst und deswegen abgewählt haben? Dann sind Sie genau richtig hier. Ich werde Sie in diesem ersten Kapitel (wieder) in die wichtigsten Grundlagen der Chemie einführen und Sie (hoffentlich) so damit vertraut machen, dass Ihnen die restliche Lektüre des Buches wie ein vergnüglicher Spaziergang erscheinen wird.

Um eins gleich vorwegzuschicken: Auch für einen Chemiker ist es schwer, den Aufbau der Materie – und darum geht es ja in seinem Gebiet – zu durchblicken und zu verstehen. Alles in der Welt der Atome und Moleküle ist so unglaublich winzig, so wenig anschaulich und vorstellbar. Um nur zwei Beispiele zu nennen: Ein zwei Kubikzentimeter kleines Stück Eisen enthält etwa 100 000 000 000 000 000 000 000, also 10^{23} Atome, und ein einziger Wassertropfen enthält ca. 1 000 000 000 000 000 000 000, also 10^{21} Wassermoleküle. Hier versagt wohl so ziemlich jegliche Vorstellungskraft. Also müssen wir ihr auf die Sprünge helfen.

Stellen Sie sich vor, Sie wären ein Atom und Ihr Kopf wäre der Atomkern, um den die Elektronen wie Vögelchen herumschwirren (die restlichen Körperteile vernachlässigen wir einmal). Gehen wir von einer durchschnittlichen Kopfgröße aus, befänden sich Ihre Elektronen entsprechend etwa 2 Kilometer von Ihrem Kopf entfernt, also weit außerhalb Ihrer Sichtweite. Bei einem Atomkern von der Größe einer Kirsche (2 Zentimeter Durchmesser) würde die umgebende Elektronenwolke immer noch die Größe eines Fußballstadions (200 Meter Durchmesser) einnehmen. Auch beim Blick durch ein (Super-)Mikroskop, das in der Lage ist, Atome sichtbar zu machen, wäre zwischen den

Atomkernen und den Elektronen beispielsweise eines winzigen Eisenstücks nur gähnende Leere zu erkennen. Und nun vergegenwärtige man sich, wie unverschämt hart ein Eisennagel ist.

Das heißt: Die Chemie ist eine Welt des Mikrokosmos mit makroskopischen Auswirkungen. In den verschiedenen Metallen reihen sich, um bei unserem Vergleich zu bleiben, sehr viele Köpfe, sprich Atomkerne, aneinander, und ein gemeinsamer, riesiger Elektronen-Vogelschwarm kreist um alle Köpfe herum. Die freien, negativ geladenen Elektronen hinterlassen dementsprechend positiv geladene Metallatome, die sich dicht an dicht aneinanderreihen. Das gesamte Metall wird durch die starken Anziehungskräfte zwischen Elektronenschwarm und Metallkernen zusammengehalten. Die atomare Struktur von Metallen können Sie sich auch vorstellen wie ein mit reichlich Öl getränktes Kugellager, in dem die Kugeln (Atome) gestapelt sind und das Öl (Elektronen) jede Kugel gleichmäßig mit einem Schmierfilm umgibt. Die typischen makroskopischen Metalleigenschaften sind Glanz, elektrische Leitfähigkeit, Wärmeleitfähigkeit, Festigkeit, Dehnbarkeit. Weil der «Vogelschwarm» so extrem dicht ist, kann kein Licht mehr ins Innere, zu den Metallkernen, vordringen und wird infolgedessen bei Auftreffen auf dessen Oberfläche sofort wieder zurückgeworfen. Durch diese Reflexion erhält eine Metalloberfläche den typischen silbrigen Glanz und ihre Undurchsichtigkeit.

Auch die elektrische Leitfähigkeit von Metallen beruht auf dem freien «Elektronenschwarm», der den elektrischen Strom sehr gut weiterleiten kann. Und dass Metalle gute Wärmeleiter sind – berührt man ein Metallstück, fühlt es sich kalt an –, liegt, Sie ahnen es schon, ebenfalls am freien Vogelschwarm. Wärmeaufnahme bedeutet aus atomarer Sicht, dass sich die Atomkerne bewegen und hin und her schwingen: je wärmer, je heißer, desto schneller und heftiger, bis zur Rotglut. Der Vogelschwarm kann die Schwingungen der Köpfe bzw. der Kugeln gut übertragen – wie eine große, aufgeblasene Hüpfburg. Die dichte Kopf-an-Kopf-Packung der gleich großen Metallkugeln im Innern eines Metalls macht es stark und fest, man spricht deswegen von einer hohen Dichte der Metalle, die wiederum die Härte des Eisennagels erklärt. Je größer und mächtiger der Elektronen-Vogelschwarm ist, desto härter ist das Metall. Natrium und Kalium haben nur ein Außenelektron und sind infolgedessen weiche Metalle, Magnesium und Kalzium steuern jeweils zwei Außenelektronen bei und sind schon härter. Chrom dagegen hat sechs und Eisen sogar stolze acht Außenelektronen. Die wichtigste Eigenschaft von Metallen – man kann sie biegen, formen, walzen und zu Drähten ziehen – erklärt sich aus dem Kugellager-Vergleich: Die Metallkugeln können durch die ölige Schicht leicht gegeneinander verschoben und gezogen werden.

Wie winzig Moleküle sind, macht auch folgendes, von Richard Dickerson in seiner «lebendigen und anschaulichen Einführung» in die Chemie vorgenommenes Gedankenexperiment deutlich. Um es zu verstehen, müssen Sie jedoch zuerst mit dem Begriff «Mol» vertraut gemacht werden. Die Maßeinheit Mol bezeichnet eine Stoffmenge, also wie viele Teilchen, Atome, Moleküle anzahlmäßig vorliegen. Die Einheit Mol hilft dem Chemiker, bei einer Reaktion die richtige Anzahl von Molekülen oder Atomen einzusetzen, um das gewünschte Ergebnis zu erhalten. Mit der Gewichtseinheit Gramm, mit der Sie in der Küche arbeiten und gut zurechtkommen, würde man bei einer chemischen Reaktion auf die falsche Spur kommen. Ein Beispiel aus dem Chemieunterricht: Die Umsetzung von Zink (Zn) mit Schwefel (S) ergibt unter schönem Glühen und Qualmen Zinksulfid (ZnS). Ein Zinkatom reagiert mit einem Schwefelatom zu einem Molekül Zinksulfid. Eine bestimmte Anzahl Zinkatome verbindet sich mit exakt der gleichen Anzahl Schwefelatome. Würden

Sie dagegen die Substanzen in Gramm einsetzen, z. B. 10 Gramm Zink und 10 Gramm Schwefel, dann hätten Sie, bedingt durch das unterschiedliche Gewicht der Reaktionspartner, rund zweimal mehr Schwefel in Ihrer Mischung als Zink. Um gleich viele Atome miteinander reagieren zu lassen, müssten Sie 65 Gramm Zink und nur 32 Gramm Schwefel einsetzen, was in diesem Falle genau 1 Mol Zink und 1 Mol Schwefel entspricht. Und nun zu Dickersons Gedankenexperiment: Hätten Moleküle die Größe von gewöhnlichen Glasmurmeln, dann würde allein die Grundeinheit von einem Mol Substanz die Fläche der gesamten USA mit einer mehr als 100 Kilometer dicken Schicht bedecken! Ein Mol Substanz entspricht der unvorstellbaren Menge von 6×10^{23} Teilchen (Atomen, Molekülen), die dicht an dicht gepackt und gestapelt sind. Diese gigantische Anzahl an Molekülen ist beispielsweise enthalten in nur 18 Milliliter Wasser (ein Schnapsglas voll) oder in einem mit 2 Gramm (entsprechen etwa 22 Liter) Wasserstoff gefüllten Ballon mit 35 Zentimeter Durchmesser oder in einem Kochsalzwürfel mit 3 Zentimeter Kantenlänge.

1 Mol = 6×10^{23} Teilchen (Moleküle oder Atome)

1 Mol Gas = 22,4 l

Gewicht eines Elektrons:
$9,1 \times 10^{-31}$ kg

Gewicht eines Protons:
$1,7 \times 10^{-27}$ kg, das heißt ca. 2000-mal schwerer als ein Elektron

Gewicht eines Neutrons:
$1,7 \times 10^{-27}$ kg, das heißt ca. 2000-mal schwerer als ein Elektron

Kurze Einführung in die Welt der Atome und Moleküle

Ich könnte jetzt seitenlang über die chemischen Grundlagen der Atome und Moleküle dozieren – ganz so, wie man es von einschlägigen Lehr- und Sachbüchern gewohnt ist. Ich würde also in aller Ausführlichkeit erläutern, dass jedes Atom einen

Atomkern und eine Atomhülle hat, der Atomkern aus elektrisch positiven Teilchen, den sogenannten Protonen, besteht, und die Atomhülle durch negativ geladene Elektronen gebildet wird. Des Weiteren würde ich erklären, dass die Zahl der Elektronen in der Atomhülle genauso groß ist wie die Zahl der Protonen im Kern und dass Materie, die aus ausschließlich gleichen Atomen besteht, «Element» genannt wird. Das Ganze würde ich anhand von Beispielen zu veranschaulichen versuchen: Ein Atomkern mit 6 Protonen bildet das Element Kohlenstoff, ein Atomkern mit 26 Protonen ergibt Eisen. Das leichteste Element ist Wasserstoff mit einem Proton und einem Elektron, das schwerste ist Plutonium mit 94 Protonen und 94 Elektronen. Ferner würde ich konstatieren, dass Atomkerne nicht nur aus Protonen bestehen, sondern auch eine bestimmte Anzahl elektrisch neutral geladener Neutronen enthalten. Wieder gezeigt an Beispielen: Kohlenstoff-Atomkerne bestehen aus 6 Protonen und 6 Neutronen; Plutonium kann 94 Protonen und 150 Neutronen aufweisen – Weltrekordmaß. Dann müsste ich erklären, dass Neutronen das gleiche Gewicht haben wie Protonen und daher die Anzahl der Protonen und Neutronen in einem Atom als seine Massenzahl bezeichnet wird. Auch hierzu konkrete Angaben: Kohlenstoff-Atomkerne enthalten neben den 6 Protonen meistens 6 Neutronen, haben also die Massenzahl 12. Es gibt aber auch Kohlenstoff-Atomkerne mit 8 Neutronen, sodass sich die Massenzahl 14 ergibt. Und ich müsste natürlich darauf hinweisen, dass man Atome gleicher Protonenzahl, aber unterschiedlicher Neutronenzahl Isotope eines Elementes nennt.

Zum Schluss würde ich noch auf die Moleküle eingehen, also jene Atomverbindungen, die aus mindestens zwei gleichen oder mehreren unterschiedlichen Atomen bestehen – wie beispielsweise der Luftsauerstoff, der aus zwei Sauerstoffatomen besteht, gekennzeichnet durch die Formel O_2. Oder Wasser, ein

Molekül aus drei Atomen, zwei Wasserstoffatomen und einem Sauerstoffatom (H_2O). Oder der rote Blutfarbstoff Hämoglobin, der aus rund 5800 Atomen besteht. Abschließend würde ich Sie noch darauf hinweisen, dass 75 Prozent aller Elemente Metalle und 25 Prozent Nichtmetalle sind und dass es zwei flüssige Elemente, nämlich Quecksilber und Brom, gibt sowie zehn gasförmige Elemente, nämlich Wasserstoff, Helium, Stickstoff, Sauerstoff, Fluor, Chlor, Neon, Argon, Krypton, Xenon.

Das alles aber bliebe trotz der Beispiele wenig anschaulich und wäre vor allem sehr theorielastig. Bei solchen Einführungen – das kennen Sie wahrscheinlich schon – verliert man schnell die Lust an der Chemie. Daher möchte ich Sie lieber bitten, mir gedanklich bei meinem Versuch zu folgen, die Atome und Moleküle mit einer Weltkarte zu vergleichen.

Atome und Moleküle als Staaten einer Weltkarte

Stellen Sie sich eine gewöhnliche Weltkarte vor und nehmen Sie nun spaßeshalber einmal jedes einzelne Land der Erde als Atom mit seiner Hauptstadt als jeweiligen Kern. Diese Hauptstadt (Kern) steht für das Land (Atom), definiert es in eindeutiger Weise: Moskau steht für Russland, Madrid für Spanien, Berlin für Deutschland usw. Man kann sogar Isotope ausfindig machen, die, wie Belgien, eine Hauptstadt haben, aber letztlich aus zwei unterschiedlichen Ländern: Wallonie und Flandern, bestehen. Oder Zypern: ebenfalls eine Hauptstadt, aber zwei unterschiedliche Länder. Zwar unterscheiden sich die einzelnen Staaten der Größe nach erheblich – es gibt ganz kleine, mittelgroße und riesige Länder –, aber im «Mittelpunkt» (wenn auch nicht geographisch gesehen) steht bei allen die Hauptstadt.

Die Grenzen eines Landes kann man mit der Elektronenhülle vergleichen. Die äußeren Elektronen fungieren wie die Außenminister und Botschafter, die den Kurs ihres Landes halten und sein Agieren und seine Eigenschaften repräsentieren: Es gibt aggressive, reaktionsfreudige Staaten und genügsame und reaktionsträge Länder. Wenn Atome für die Länder stehen, müssen wir Moleküle entsprechend als Zusammenschlüsse von Ländern betrachten, deren Außenminister und Botschafter in ständigem Kontakt und Austausch miteinander stehen. Es kommt zu einer engen Bindung zwischen zwei oder mehreren Staaten, so entstehen ganze Staatenbündnisse, wie z. B. die Afrikanische Union (AU), die Arabische Liga (AL), die Benelux-Staaten, die Europäische Union (EU), die Organisation Amerikanischer Staaten (OAS), der Verband Südostasiatischer Nationen (ASEAN) usw. Die Benelux-Gemeinschaft besteht aus 3 Staaten, die ASEAN aus 10, die Arabische Liga aus 22 Ländern. Zum Vergleich: Wasser besteht aus 3 Atomen, Alkohol (Ethanol) aus 9, Traubenzucker (Glucose) aus 24 Atomen. Bei allen Staatenbündnissen geht es darum, sich zu arrangieren, Kompromisse zu finden, zu teilen, manchmal auch zu verzichten. Man muss zusammenhalten, weil man abhängig ist voneinander. Ein isoliertes Deutschland wäre ein völlig anderes Land, als es ein Deutschland in der EU ist. Entsprechend können alle Moleküle, egal, ob Kohlendioxid, Traubenzucker oder Insulin, als kompromissbereite Staatenbündnisse betrachtet werden, die sich vielfältig vereinigen können. Ein isoliertes Kohlenstoffatom ist etwas völlig anderes als ein Kohlenstoffatom in einem Zuckermolekül. Kohlenstoff ist schwarz und schmeckt scheußlich (z. B. als Aktivkohle-Tablette), Zucker ist weiß und schmeckt schön süß. Mit Sauerstoff verknüpft wird Kohlenstoff sogar undurchsichtig und gasförmig als Kohlenmonoxid (CO) oder Kohlendioxid (CO_2). Nur ein einziges Sauerstoffatom mehr oder weniger, und schon hat man völlig unterschiedliche Substanzen vorliegen. Es ist ein erheblicher Unterschied, ob ein oder zwei Sauerstoffatome am Kohlenstoff hängen. Kohlenmonoxid ist brennbar und hochgiftig, Kohlendioxid ist unbrennbar und bewirkt den Treibhauseffekt. Ein weiteres Beispiel: Hängt man an Kohlenstoff vier Wasserstoffatome (H), kommt gasförmiges, brennbares Methan (CH_4) heraus. Ein völlig neues Staatenbündnis. Zwängt man zwischen ein Kohlenstoff- und Wasserstoffatom noch ein Sauerstoffatom (O), wird aus Methan das flüssige und hochgiftige Methanol (CH_3OH). Fügen Sie noch ein Kohlenstoffatom und zwei Wasserstoffatome hinzu, erhält man trinkbares Ethanol (Alkohol, CH_3CH_2OH). Ein letztes Beispiel: Isoliertes Natrium ist ein silberglänzendes, eher weiches und sehr reaktionsfreudiges Metall, das sich z. B. mit Wasser heftigst umsetzt. Das sehr ähnliche Kalium-Metall reagiert mit Wasser sogar explosionsartig. Bekommen diese beiden Metalle jedoch jeweils ein Chloratom als Nachbar, hat man Kochsalz – Natriumchlorid bzw. Kaliumchlorid – in den Händen. Ein weißes, absolut reaktionsträges, mit Wasser nicht reagierendes schneeweißes Salz.

Diese schier unbegrenzte Vielfalt durch winzige Veränderungen fasziniert mich so sehr an der Chemie. Sie ist wie Musik: Eine begrenzte Anzahl von Noten kann man in einer schier unbegrenzten Vielfalt aneinanderreihen und somit die unterschiedlichsten Kompositionen kreieren.

Die Außenminister-Elektronen als wahre Machthaber

Im Unterschied zur realen Politik nun bestimmen in der Welt der Atome und Moleküle die Elektronen, die sich auf der letzten, äußersten Schale der Atomhülle befinden – in unserem Bild also die «Außenminister» –, alles, das gesamte Verhalten eines jeden Atoms, eines jeden Moleküls. Jede Reaktion, ob langsames Dahinrosten von Eisenstangen auf der Baustelle oder das Zersetzen des Backpulvers im Kuchenteig zu Kohlendioxid oder die Explosion von Nitroglycerin, ist das Machwerk dieser winzigen, negativ geladenen Elementarteilchen. Es sind tatsächlich nur eine Handvoll Elektronen, die sich neu verteilen, von hier nach da wandern und dadurch unterschiedliche chemische Prozesse auslösen. Das Wegziehen bzw. das Hinzubekommen von Elektronen bewirkt stets eine chemische Reaktion, die mit einer Energiefreisetzung einhergeht. Das Elektronen-Hinundhergeschiebe kann ganz gemächlich ablaufen (Rosten von Eisen) oder auch richtig heftig abgehen (Stichflamme, Explosion). Wenn ein Nagel verrostet, dann reagiert Eisen mit dem Sauerstoff aus der Luft und bildet Eisenoxid. Wie bei allen chemischen Reaktionen findet letztlich nur ein Elektronenaustausch statt. Die große Elektronenwanderung geht los. Die Eisenatome verlieren jeweils zwei Elektronen, und die Sauerstoffatome nehmen diese Elektronen dankend auf. Beide Atomsorten sind dadurch in ihrer Struktur und energetisch stabiler geworden. Chemische Vorgänge sind also stets ein Geben und Nehmen – wie in der Liebe. Die Abgabe von Elektronen nennt man übrigens Oxidation, die Aufnahme von Elektronen bezeichnet der Chemiker als Reduktion. Atome dagegen bleiben auch nach dem Verrosten immer gleich, Eisen ist immer noch Eisen, Sauerstoff immer noch Sauerstoff. Auch von einer Explosion kriegen die Atomkerne kaum etwas mit. Nach der fürchterlichen Detonation von Nitroglycerin bleiben die Stickstoffatome immer noch Stickstoffatome, daran hat sich nichts geändert, nur der Bindungspartner der Außenelektronen ist jetzt ein anderer, ein neuer Nachbar sozusagen. Vorher Sauerstoff, nun Stickstoff. Es haben sich «neue Staatenbündnisse» gebildet.

Einzig die Kernreaktionen wie die Kernspaltung und die Kernfusion werden nicht von Elektronen bestimmt, sondern von den Atomkernen (mehr dazu auf S. 200).

Der angeregte Zustand

Chemische Reaktionen laufen nicht einfach geradlinig ab, wie auf einer schnurgeraden Autobahn, sondern stets müssen die Reaktionspartner dabei über einen Energieberg gehoben werden. Im Bild der Autobahn gesprochen, müssen die Autos bergauf bis zur Spitze fahren, und von dort erst geht es dann ohne große Mühe wie von selbst bergab. Jede chemische Umsetzung durchläuft also einen sogenannten Übergangszustand oder angeregten Zustand, der sich wie ein Berg dem Ablauf der chemischen Umsetzung in den Weg stellt. Fast alle chemischen Reaktionen laufen nicht spontan, d. h. von selber, ohne Energiezufuhr ab. Es gibt nur ganz wenige Ausnahmen. Eine Mischung aus Glycerin und Kaliumpermanganat beispielsweise entzündet sich spontan von selbst. Manche metallorganischen Substanzen, wie Silicium-Wasserstoff- oder Magnesium-Verbindungen, können sich ebenfalls von selbst entzünden und abreagieren. In der Regel muss man einer Reaktionsmischung aber Energie in Form von Hitze oder Licht (z. B. UV-Licht) oder durch Stöße (z. B. Laser, Leuchtstofflampe) zuführen, damit die Reaktionspartner den Energieberg hinaufkommen und den Übergangszustand erreichen. Bei einer Mischung aus Eisenpulver und Schwefel könnte man jahrelang warten, es würde ohne Zutun von außen nichts passieren. Erhitzt man jedoch die Mischung im Reagenzglas, setzt sich die Reaktion unter Gluterscheinung zu schwarzgrauem Eisensulfid um. Schwarzpulver brennt auch nicht spontan ab, sondern muss mit einer heißen Zündschnur in den Übergangszustand versetzt werden. Mischt man Chlorgas mit Wasserstoffgas in einem Glaszylinder, passiert zunächst gar nichts. Belichtet man diese Mischung jedoch mit einem (Foto-)Lichtblitz, dann verbinden sich Chlor und Wasserstoff explosionsartig zu Salzsäure. Die Energie des Lichtblitzes hat ausgereicht, um die beiden Reaktionspartner über den Energieberg in den angeregten Zustand zu versetzen.

Der Übergangszustand bzw. der angeregte Zustand ist in den allermeisten Fällen extrem kurzlebig, sodass wir ihn mit unseren menschlichen Sinnen nicht wahrnehmen können. Die durchschnittliche Lebensdauer des angeregten Zustands beträgt 10^{-12} bis 10^{-13} Sekunden! Eine kaum vorstellbare Kürze! Bei dem Leuchten der Glühwürmchen oder beim Leuchten von Fluoreszenzfarben, wie z. B. beim Textmarker, ist die Verweildauer des angeregten Zustandes etwas länger, sie beträgt «nur» 10^{-6} bis 10^{-9} Sekunden (mehr zu den Leuchtreaktionen ab S. 134). Die Sauerstoffaufnahme des Hämoglobins im Blut dauert noch etwas länger, nämlich rund 10^{-5} Sekunden, also 0,00001 Sekunden (ein Hunderttausendstel). Sind die Reaktionspartner einmal oben auf dem Energieberg als angeregter Zustand angekommen, geht die Reaktion los. Den Übergangszustand können Sie sich im Bild der Staatenbündnisse so vorstellen, als ob sich zwei Länder angenähert und ihre Grenzen geöffnet haben, weil alle formalen Hürden genommen sind und die Außenminister und Botschafter ihre Arbeit nun aufnehmen können. Nach dem Übergangszustand wird die chemische Reaktion zum Selbstläufer. Dabei wird viel Energie freigesetzt, mehr Energie, als für die Anregung benötigt wurde. Die Differenz aus hineingesteckter Energie (z. B. Zündschnur, Erhitzen, Licht) und bei der Umsetzung freiwerdender Energie (Hitze, Glut, Explosion, Licht) wird an die Umgebung abgegeben. Bei den Glühwürmchen besteht die freigesetzte, überschüssige Energie zu 100 Prozent aus Licht. Bei der Verbrennung von Eisen mit Schwefel entsteht nur Hitze (Rotglut). Meistens wird die Energie als Mischung aus beidem, aus Hitze und Licht, freigesetzt (Feuer, Flammen). In Düsentriebwerken wird die bei der Verbrennung von Kerosin (ein leichter Dieselkraftstoff) mit Luftsauerstoff freigesetzte Energie direkt als Antrieb benutzt. Versetzt man Natronlauge (NaOH) mit Salzsäure (HCl) um Kochsalz (NaCl) herzustellen, muss man die Reaktionslösung unbedingt mit Eiswasser kühlen. Die entstehende Hitze würde die Mischung sonst zum unkontrollierten (Über-)Kochen bringen. In chemischen Großanlagen führt man die entstandene Wärme meistens in einem Kreisprozess wieder zum Anfangspunkt der Reaktion zurück oder zu anderen Herstellungsverfahren, die Energie benötigen.

Genauer betrachtet bedeutet Anregung in der Welt der Chemie, dass einzelne oder auch mehrere Elektronen ihre Bahn verlassen und in ein höheres Energieniveau gehoben werden. Im Übergangszustand befinden sich dann alle beteiligten Elektronen der Reaktionspartner gleichmäßig zwischen beiden Molekülen verteilt, zum Austausch bereit. Dieses Bahnverlassen und zu einem anderen Molekül Hinwandern benötigt die Anfangsenergie. Man bezeichnet die anfänglich hineingesteckte Energie als Aktivierungsenergie. Der zu überwindende Energieberg kann übrigens unterschiedlich hoch sein. Zum Zünden von Schwarzpulver benötigt man eine Glut, für die Entzündung von Wasserstoff mit Sauerstoff reicht schon ein Funke, und für die Chlorwasserstoff-Umsetzung genügt ein Lichtblitz.

Für jede chemische Reaktion ist die Aktivierungsenergie eine naturgegebene Größe. Der Chemiker kennt aber einen Trick, um den Energieberg zu umgehen. Er kann dazu Verbindungen bzw. Substanzen einsetzen, die den Energieberg quasi «untergraben». Stoffe, die das können, nennt man Katalysatoren. Sie sind in der Lage, die Aktivierungsenergie herabzusetzen, indem sie die Reaktionspartner auf die bevorstehende Reaktion gewissermaßen vorbereiten. Die Bindungen, sprich die beteiligten Elektronen der Ausgangsmoleküle, werden von ihnen «gelockert» und in Stellung gebracht. Das führt zu einer Absenkung der Aktivierungsenergie, denn man hat sich die für die Reaktion notwendige Lockerung der Bindungen energetisch gespart. Folglich brauche ich weniger Anfangsenergie, weil der Energieberg kleiner geworden ist. Als Katalysatoren wirken beispielsweise Nickel oder Platin, die Wasserstoffgas (H_2) binden und lockern können. Der auf den Metallen gebundene und gelockerte Wasserstoff kann viel leichter z.B. mit Kohlenmonoxid (CO) zu Methan (CH_4) oder zu Methanol (CH_3OH), zwei wichtigen Zwischenprodukten in der chemischen Industrie, reagieren. Auch die Aufspaltung von Rohöl zu Benzin, das sogenannte Cracken, geschieht mit Hilfe eines Katalysators aus Aluminiumoxid. Die Ammoniaksynthese aus Stickstoff und Wasserstoff verläuft katalytisch über Eisenoxid. In der Kunststoffherstellung verwendet man eine breite Palette an Metallkatalysatoren, beispielsweise bei der Produktion von PVC (Polyvinylchlorid) oder PE (Polyethylen) für Schläuche, Folien, Gefäße, Rohre, Kabelisolierungen. Als Katalysatoren werden u.a. Titan-, Molybdän- und Aluminiumverbindungen eingesetzt. Auch sämtliche Enzyme sind nichts anderes als Katalysatoren. Bei der alkoholischen Gärung entsteht aus Zucker Alkohol durch das Wirken der Hefeenzyme. Generell verbraucht sich ein Katalysator nicht. Er dient nur als «Mediator», als Vermittler zwischen den Reaktionspartnern. Er ebnet den Weg, wird aber selbst nicht in die eigentliche chemische Reaktion eingebunden. Nach beendeter Umsetzung liegt der Katalysator unverändert und in gleicher Menge vor.

Nach erfolgreicher Anregung in den Übergangszustand verteilen sich die Elektronen neu, die Reaktionspartner setzen sich zu den Produkten um, und die Elektronen befinden sich nun in energetisch tiefer liegenden Substanzen. Wie bereits oben beschrieben, führt die Differenz zwischen Aktivierungsenergie und gewonnener Energie zu einer Abgabe dieser Energie an die Umwelt. Diese kann beispielsweise als Licht oder als Wärme freigesetzt werden. Sie können sich das Ganze vorstellen wie eine

Jonglage mit drei Bällen, die hier die Elektronen versinnbildlichen sollen. Beim Jonglieren tanzen die drei Bälle zunächst nur im Kreis wie eine Acht über die Hände des Meisters. Wirft der Jongleur die Bälle weit nach oben, sind diese plötzlich im angeregten Zustand, denn durch den kräftigen Wurf nach oben ist ihnen Energie – genauer: Bewegungsenergie – zugeführt worden. Diese hinzugewonnene Energie kann in unterschiedlicher Weise wieder an die Umwelt abgegeben werden. Entweder fällt der Ball von weit oben entsprechend der hinzugewonnenen Energie nach unten auf den Boden oder in die Hand seines Meisters. Beim Aufprall wird die Energie an den Boden bzw. die Hand abgegeben. Würde der Ball aus der Höhe nicht auf den Boden oder auf die Handfläche fallen, sondern auf eine dünne Glasscheibe, dann würde die Energie an die Glasscheibe abgegeben, und sie würde zerbrechen. Statt einer Kraftenergie kann die Energie aber auch ganz elegant als Licht abgegeben werden, ohne Aufprall, ohne Scherben.

Zusammenfassend kann man also festhalten, dass Atome und Moleküle sich dadurch auszeichnen, dass sie «angeregt» werden können. Der Atomkern hat damit rein gar nichts zu tun, der dümpelt vor sich hin und bekommt von der großen weiten Welt der wilden und kreisenden Elektronen nichts mit. Selbst die Elektronen auf den innersten Bahnen sind so felsenfest und stabil im Atomverbund, die haben aus energetischer Sicht überhaupt kein Interesse, sich an den wilden «Spielchen» ihrer Kollegen und Kolleginnen da ganz außen zu beteiligen, sie sind völlig zufrieden mit ihrem Zustand.

Eine Welt voller Formeln und Reaktionsgleichungen

Keine Mathematik ohne Gleichungen, keine Chemie ohne Formeln. Denn um die oben dargestellten Reaktionen beschreiben bzw. zunächst verstehen zu können, braucht der Chemiker und die Chemikerin eine passende Sprache, in der er oder sie sich eindeutig und prägnant verständigen kann. Und dafür eignen sich die chemischen Formeln und Reaktionsgleichungen, trotz ihrer zum Teil haarsträubenden Namen und ihrem komplizierten Aufbau, hervorragend.

Formeln sind also, so unverständlich es für jeden Nichtchemiker sein mag, die guten Freunde des Chemikers. Denn da er selbst nicht weiß, wie Atome und Moleküle tatsächlich aussehen, helfen ihm die Formeln, das Unsichtbare sichtbar zu machen, das Winzige groß zu «beamen», vom Unübersichtlichen zur Klarheit zu kommen. Doch wie in der Mathematik kommt man aus rein praktischen Gründen auch in der Chemie nicht daran vorbei, etliche Formeln auswendig zu lernen. Sie sind gewissermaßen das Handwerkszeug, das immer parat sein sollte. Der Chemiker sieht eine Formel und weiß (hoffentlich) sofort Bescheid, um welches Molekül mit welchen Eigenschaften es sich handelt. Beispiel: CO – Kohlenmonoxid – besteht aus einem Kohlenstoffatom und einem Sauerstoffatom. In unserem Bild von Kopf und Vögelchen heißt das: Ein Männlein-Kopf und ein Weiblein-Kopf stehen eng beieinander, händchenhaltend, Gefühle austauschend. Sie teilen sich ihre Vögelchen, die um beide Köpfe herumfliegen. Wie romantisch die Chemie sein kann! Ein zweites Beispiel: O_2, Sauerstoff, ist die homosexuelle Version von CO. Oder CO_2 – Kohlendioxid –, der flotte Dreier. Sie merken schon: Auch in der Chemie hilft die richtige Portion Phantasie weiter.

Keine Angst vor Formeln und Reaktionsgleichungen!

Zugegeben: Die Gefahr, den Überblick zu verlieren, ist groß angesichts der zahlreichen Varianten in den Schreibweisen für Formeln. Es gibt die Summenformel, Valenzstrichformel (Lewis-Formel), Konstitutionsformel, Skelettformel, Keilstrichformel, Fischer-Projektionsformel, Haworth-Formel, Newman-Projektionsformel. Jede Formel-Schreibweise hat ihre Vor- und Nachteile und wird der ganzen Wahrheit nie vollständig gerecht. In Wirklichkeit sind Moleküle ja dreidimensionale Gebilde, die wir über das Hilfsmittel der Formel zweidimensional aufs Papier bringen, um damit arbeiten zu können. Man kann dann zunächst theoretisch arbeiten, sich Synthesewege ausdenken und aufzeichnen, hier und da Molekülgruppen verändern, anheften oder abhängen und auf diese Weise hoffentlich brauchbare Ergebnisse erzielen. Letztlich also ermöglicht erst die Formelsprache die Forschungsarbeit in der Chemie. Gerade in der organischen Chemie, wo komplexe und komplizierte Moleküle wie Arzneistoffe, Wirkstoffe und Hightech-Kunststoffe hergestellt werden, sind Formeln unabdingbar. Aber da diese hohe Kunst der Wissenschaft für unseren Zusammenhang nicht von Belang ist, werde ich auch bei meiner Darstellung – bis auf ganz wenige Ausnahmen – auf Formeln verzichten und Ihnen die Verwirrung, die sie bei Nichtchemikern in der Regel stiften, ersparen. Also: Keine Angst vor Formeln in diesem Buch!

Wie die Formeln sind auch die Reaktionsgleichungen – oder, noch komplexer, die Redoxgleichungen – für den Laien in aller Regel eine echte Herausforderung. Dem Chemiker dienen sie dazu, sich besser vorstellen und beschreiben zu können, was mit seinen in Formeln gepressten Molekülen passiert. Die Frage, die hinter den Gleichungen steckt, lautet immer: Was reagiert mit wem? Auf der linken Seite der Gleichung stehen die Ausgangsstoffe – die Linksfraktion, auf der rechten Seite stehen die Produkte – die Rechtsfraktion. Und in der Mitte befindet sich nur ein Strich, der zusätzlich eine Richtung bekommen kann, indem ein Pfeil daraus gemacht wird. Üblicherweise zeigt der Pfeil nach rechts und gibt die Richtung der möglichen chemischen Reaktion an, sprich: Die Linksfraktion reagiert miteinander und wird zur Rechtsfraktion. Warum reagieren Substanzen, Moleküle, Atome überhaupt miteinander? Jede chemische Reaktion, jede chemische Umsetzung hat immer nur ein einziges Ziel. Und das heißt: eine höhere Stabilität erreichen. Das geht vor allem dadurch, dass ein Molekül seine Energie absenkt bzw. abgibt. Die gesamte Materie unserer Welt ist bestrebt, einen stabilen Zustand zu erreichen. Hochgeordnete, komplexe und energiereiche Strukturen, wie die biochemischen Abläufe in unserem Körper oder das Nitroglycerin oder das Erdöl, sind bestrebt, in kleinere, energiearme und einfache Moleküle überzugehen wie Wasser, Kohlendioxid, Stickstoff. Diese drei Kandidaten sind im tiefsten «Energiekeller» und daher absolut stabil, d. h. total reaktionsträge. Sie gehen praktisch keine chemischen Reaktionen mehr ein. Dieses uns Menschen doch etwas merkwürdig vorkommende Bestreben, vom hochgeordneten Zustand in einen ungeordneten, sehr einfachen Zustand überzugehen, bezeichnet man als Entropie. Die Zunahme der Entropie ist tatsächlich eine real wirksame und treibende Kraft in unserem Universum.

Grundsätzlich sind alle chemischen Reaktionen immer Gleichgewichtsreaktionen. Bei einer chemischen Umsetzung müssen sich die Reaktionspartner berühren, ja, sie müssen förmlich aufeinanderprallen, damit sie ihre Elektronen austauschen können. Der Chemiker spricht von Molekülstößen. Die Reaktionspartner können zusammenstoßen und dann miteinander zu den Produkten reagieren, aber auch die entstandenen Produkte können wieder zusammenstoßen und somit eine Rückreaktion ermöglichen. Folglich gibt es (jedenfalls theoretisch) stets eine Hin- und eine Rückreaktion, also einen Pfeil nach rechts und einen Pfeil nach links. Erst nach einer gewissen Zeit stellt sich ein Gleichgewicht ein. Geht aber die Reaktion zu nahezu 100 Prozent nur nach rechts, wird der Linkspfeil gar nicht erst geschrieben, weil die Wahrscheinlichkeit einer Rückreaktion viel zu gering ist. Die Reaktion ist «irreversibel», wie der Chemiker es ausdrücken würde. Erstes Beispiel: Wenn Sie ein Häufchen Schwarzpulver anzünden, beispielsweise in Form eines Chinaböllers, dann zeigt der Reaktionspfeil zu 100 Prozent nach rechts. Es gibt einen ordentlichen Knall, es entstehen Stickstoff, Kohlenmonoxid, Kaliumcarbonat und Kaliumsulfit. Würde man alle vier Produkte zusammenmischen, erhitzen oder unter Druck stellen, käme kein Schwarzpulver mehr heraus. Zweites Beispiel: Wenn man das Thermit-Gemisch aus Rost und Aluminium entzündet, dann entsteht reines Eisen und Aluminiumoxid. Und eine mächtige Stichflamme. Aus Eisen und Aluminiumoxid kann man keinen Rost und Aluminium herstellen, egal, wie sehr man es auch mit Hitze malträtiert. Beispiel drei: Wenn man Salzsäure (HCl) mit Natronlauge (NaOH) reagieren lässt, entsteht sofort und spontan mit großer Hitzeentwicklung Kochsalz (NaCl) und Wasser (H_2O). Diese Reaktion ist irreversibel, d. h., die Rückreaktion von Wasser und Kochsalz zu Salzsäure und Natronlauge wird aus energetischen Gründen niemals gelingen. Im Gegensatz dazu das vierte Beispiel: Die Kohlensäure ist immer ein Gleichgewicht zwischen Kohlendioxid und Wasser auf der linken Seite und der Kohlensäure auf der rechten Seite. Die Säure liegt nur zu 0,2 Prozent vor. Damit ist der Pfeil nach links deutlich länger als der, der nach rechts zeigt. Mit der Pfeillänge kann man annähernd verdeutlichen, zu welchem ungefähren Prozentsatz die Hin- und Rückreaktion vertreten ist. Und wieder anders im fünften Beispiel: Hämoglobin kann in einer Hinreaktion Sauerstoff binden und ihn in einer Rückreaktion auch wieder abgeben. Diese Eigenschaft des Hämoglobins ist lebenswichtig. Beide Pfeile sind gleich lang.

Man kann jede chemische Reaktion durch Temperaturerhöhung beschleunigen, denn je höher die Temperatur, desto häufiger, schneller und heftiger stoßen die Reaktionsmoleküle zusammen und setzen sich um. Das Gleichgewicht stellt sich somit schneller ein.

Als Chemiker und damit Überwacher aller Hin- und Rückreaktionen ist es mir möglich, mit Hilfe zweier «Tricks» in das Geschehen gezielt einzugreifen und das Gleichgewicht zugunsten der Produktseite zu verschieben. Da es ja meistens darum geht, möglichst viel Produkt zu erhalten und möglichst wenig Ausgangsmaterial zurückzubehalten, müsste folglich der Pfeil nach rechts in Richtung Produkte möglichst weit verlängert werden. Das schafft man, indem man entweder «von vorne», also von der Ausgangsseite her, schiebt (Trick eins) oder «von hinten», also von der Produktseite, zieht (Trick zwei).

Beim ersten Trick fügt man einen Überschuss eines der Ausgangsstoffe der Reaktion hinzu. Man erhöht also die Konzentration eines der Reaktionspartner. Dieses Überangebot einer Substanz stört gewissermaßen das Gleichgewicht und bewirkt einen verstärkten Verbrauch dieser Substanz. Dadurch verschiebt sich das Gleichgewicht nach rechts hin zu den Produkten. Beispiel: Bei der Fetthärtung werden flüssige, pflanzliche Öle (Fette) mit Wasserstoffgas im Überschuss (und oft mit Hilfe von Druck und Katalysatoren) in feste Fette umgewandelt. Dabei lagert sich Wasserstoff in den sogenannten ungesättigten Ölmolekülen an. Die so gehärteten Fette werden u. a. zu Margarine verarbeitet.

Auch Metalloxide, wie z. B. Kupferoxid, werden durch Überströmen mit Wasserstoffgas zu reinem Kupfermetall und Wasser umgesetzt. Zum Verschieben des Gleichgewichtes nach rechts in Form von «Schieben» kann man auch den Reaktionsdruck ändern. Diese Methode der Gleichgewichtsstörung wird großtechnisch bei der Ammoniaksynthese angewendet. Ammoniak (NH_3) ist gasförmig und hat u. a. große Bedeutung für die Düngerproduktion. Es wird aus drei Teilen Wasserstoffgas (H_2) und einem Teil Stickstoffgas (N_2) hergestellt. Aus insgesamt vier Gasteilchen ($3 \times H_2$ und $1 \times N_2$) entstehen zwei Gasteilchen ($2 \times NH_3$). Erhöht man den Druck auf die vier Gasteilchen, verschiebt sich das Gleichgewicht nach rechts zugunsten der zwei Gasteilchen, und es wird mehr Ammoniak produziert. Das Gleichgewicht weicht sozusagen dem erhöhten Druck der vier Gasteilchen aus, indem es mehr Ammoniak entstehen lässt. Denn dadurch verringert sich der Druck wieder, und zwar so lange, bis das ursprüngliche Gleichgewicht wiederhergestellt ist. Fazit: Wenn aus vielen Gasteilchen durch eine chemische Reaktion weniger Gasteilchen werden, bewirkt eine Druckerhöhung eine Ausbeuteverbesserung. Der umgekehrte Fall klappt nicht. Eine Druckerhöhung auf Ammoniak führt nicht zur Produktion von Stickstoff und Wasserstoff.

Beim zweiten Trick entzieht man während des Prozesses laufend das gewünschte Produkt der Reaktion. Man verringert also die Konzentration eines der entstehenden Produkte. Beispiel: Bei der Herstellung von Fruchtestern (flüssige, leicht flüchtige Aromastoffe), die beispielsweise nach Birne, Ananas oder Banane riechen, wird die flüssige Reaktionsmischung gekocht. Dabei verdampft der entstehende Fruchtester, wird direkt abdestilliert und somit dem «System» (Reaktionsgemisch) ständig entzogen. Dadurch verschiebt sich die Reaktion zu einem «Mehr» an Fruchtester.

Die Reaktionsverschiebung zugunsten der Produkte können Sie sich vorstellen wie bei einer Balkenwaage. In beiden Schalen ist gleich viel Gewicht, die Waage ist genau mittig ausgeglichen. Mit beiden Tricks verursache ich einen Druck auf die linke Waagschale. Entweder durch ein zusätzliches Gewicht auf der linken Schale oder durch Wegnahme eines Gewichts auf der rechten Schale. In beiden Fällen schlägt die Waage nach links aus. Jede chemische Reaktion ist aber bestrebt, den Gleichgewichtszustand wiederherzustellen. Dadurch erreicht man einen besseren und vollständigeren Umsatz der Ausgangsstoffe hin zu den Endstoffen, also eine verbesserte Ausbeute.

Das Verschieben des Gleichgewichts durch «Schieben» oder «Ziehen» ist eine echte Gesetzmäßigkeit und wurde bereits 1888 von dem französischen Chemiker Henry Le Chatelier (1850–1936) entdeckt. Man spricht vom «Prinzip von Le Chatelier» oder vom «Prinzip des kleinsten Zwanges». Übt man auf ein im Gleichgewicht befindliches System durch Änderung der äußeren Bedingungen einen Zwang aus, so verschiebt sich das Gleichgewicht derart, dass es dem äußeren Zwang ausweicht.

Kleines Chemie-Lexikon für Chemie-Abwähler

In dieser Liste sind einige der wichtigsten Moleküle aufgeführt, die im Alltag der meisten Menschen und deswegen auch in diesem Buch eine Rolle spielen:

Acetaldehyd (sprich: Azett-alde-hüd)
Wird beim Abbau von Alkohol in der Leber produziert und ist Hauptverursacher von Kopfschmerzen und Übelkeit («Kater»).

DNS (Desoxyribonukleinsäure)

Universelles Erbmaterial aller Lebensformen. Rund 72 Gramm davon haben Sie im Körper. Nicht mehr, aber auch nicht weniger. Das sind Sie.

Endorphine

Da steckt das Wort «Morphin» schon drin. Endogene Morphine sind körpereigene Schmerzmittel (Opioide = Opiumabkömmlinge) und regeln Schmerz, Hunger, Glücksgefühle und Stresssituationen. Sie werden übrigens im Gehirn produziert.

Hämoglobin

Der rote Blutfarbstoff in den roten Blutkörperchen. Ein Liter Blut kann etwa 210 Milliliter Sauerstoff binden.

Kohlendioxid (CO_2)

Wir atmen 21 Prozent Sauerstoff ein, ca. 15 Prozent Sauerstoff wieder aus und nur etwa 6 Prozent CO_2. Die restlichen 78 Prozent sind Stickstoff. In der Atmosphäre herrschen nur 0,04 Prozent Kohlendioxid. 300-mal mehr, und wir Menschen sterben augenblicklich aus.

Kohlenmonoxid (CO)

CO bindet sich 325-mal stärker an Hämoglobin als Sauerstoff. Ab 0,1 Prozent in der Atemluft stehen wir schon mit einem Bein im Grab. Autoabgase in geschlossenen Räumen erhöhen den CO-Gehalt auf bis zu 7 Prozent!

Pupsgase

99 Prozent unserer Gasbildung im Dickdarm sind geruchsneutral (Kohlendioxid, Methan, Sauerstoff, Stickstoff, Wasserstoff). Nur ein Prozent «riecht». Hauptangeklagte: Schwefelwasser-

stoff und Methylsulfate, also Schwefelverbindungen. Wir pupsen etwa 15 Milliliter Gas pro Stunde. Nach Genuss von Bohnen blähen Sie zehnmal so viel raus.

Sexualhormone

Gestagene wie das körpereigene Progesteron gehören zur Gruppe der Steroidhormone und verhindern eine erneute Eireifung sowie einen erneuten Eisprung bei einer Frau. Nach jahrzehntelanger Forschung stellte man erfolgreich künstliche Gestagene (z.B. das 17-Ethinyltestosteron) her, die oral eingenommen hochwirksam waren. Die ersten zugelassenen Antibabypillen namens «Enovid» (1960) und «Anovlar» (1961) enthielten die «Hammermenge» von 5 bis 10 Milligramm Gestagen pro Pille. Die überraschend auftretenden Zwischenblutungen und einige ungewollte Schwangerschaften ließen sich durch eine Spur Estrogen (z.B. das 17-Ethinylestradiol) – ebenfalls ein Steroidhormon – vollständig und zuverlässig verhindern. Bis heute enthalten sämtliche «Pillen» das bereits 1938 erstmals synthetisierte 17-Ethinylestradiol mit etwa 0,03 Milligramm pro Pille. Der Gestagenanteil ist auf 0,1 bis 3,0 Milligramm pro Pille gesunken. In den 1960er Jahren waren Verhütungsmittel übrigens verboten und gesellschaftlich wie kirchlich geächtet. Die verhütende Wirkung wurde lediglich als «Nebenwirkung», beispielsweise als «temporäre Konzeptionsverhinderung» oder als «Ruhigstellung des Ovars», bezeichnet. Heute können wir nicht genug anerkennen, welch revolutionäre Leistung Chemiker, Ärzte und Frauen-Power vollbracht haben.

CHEMISCHE WEISHEITEN

Im Laufe meines Chemiestudiums und darüber hinaus habe ich so manche Weisheiten und Gesetzmäßigkeiten für Theorie und Praxis kennen- und schätzen gelernt und möchte Ihnen gerne meine «Highlights» vorstellen. Einige der Sprüche sind sogar alltagstauglich.

....

«Viel hilft viel»

Eine besonders bei Kindern und Schülern sehr beliebte Formel. Stimmt aber nicht immer. Bei Einsatz von Sprengstoff o.k., bei Verwendung von Parfüm keine gute Idee.

....

«Ein gerüttelt Maß»

JUSTUS VON LIEBIG (1803–1873), der alte Meister der Chemie.

....

«Alle Ding' sind Gift und nichts ohn' Gift; allein die Dosis macht, dass ein Ding kein Gift ist.»

PARACELSUS (1493–1541)

(Man kann nämlich auch an Kochsalz – Natriumchlorid – sterben! Schon ein halbes Pfund [250 Gramm] reicht aus. Mensch, Paracelsus, du Pfundskerl!)

....

«Von nichts kommt nichts»

Die Mutter aller Naturgesetze. Es ist das Gesetz von der Erhaltung der Masse und der Energie. Die Gesamtzahl der Atome bleibt im Verlauf einer chemischen Reaktion stets unverändert. (Oder: Bei allen chemischen Vorgängen bleibt die Gesamtmasse der Reaktionsteilnehmer unverändert.) Durch den chemischen Vorgang mögen Atome ihre Plätze und Nachbaratome vertauscht haben, sie können aber weder neu geschaffen noch vernichtet werden. Aufgestellt wurde dieses Gesetz 1774 von dem französischen Chemie-Genie ANTOINE LAVOISIER (1743–1794). Ebenso verhält es sich mit der Energie im Gesamtsystem Universum. Die Energie auf unserer Welt bleibt immer konstant. Es gibt weder eine Energievernichtung noch eine Energieerschaffung (sogenannter 1. Hauptsatz der Thermodynamik, begründet 1847 von Hermann von Helmholtz (1821–1894)). Wenn Sie beispielsweise Benzin im Automotor oder im Feuerzeug zu Wasser (H_2O) und Kohlendioxid (CO_2) verbrennen, dann entstehen Feuer, Licht, Wärme. Die entstandene Energie geht scheinbar als Wärme verloren. Sie wird aber nicht vernichtet. Die Gesamtbilanz der Energie bleibt erhalten, weil die beiden Produkte H_2O und CO_2 energetisch viel niedriger liegen als das Benzin. Die Energiedifferenz zwischen Benzin auf der einen Seite und den Verbrennungsprodukten H_2O und CO_2 auf der anderen Seite entspricht genau der freigesetzten Wärme.

....

«Prinzip von Le Chatelier»

Wenn man auf ein System im Gleichgewicht einen Zwang ausübt, dann ändern sich die Gleichgewichtsbedingungen so, dass das System dem Zwang ausweicht.

....

«Chemie ist das, was knallt und stinkt; Physik ist das, was nie gelingt.»

Schon in der Schule bin ich mit diesem berühmten Zitat konfrontiert worden. Der Chemie- und Physikunterricht an unserer Schule hat dieses Statement voll und ganz bestätigt.

....

«Gleiches löst sich in Gleichem»

Scheinbar eine Binsenweisheit, aber unheimlich praktisch im Labor und im Alltag. Polare Stoffe wie Salze, Säuren, Laugen, Zucker, Zuckerersatzstoffe, Alkohol lösen sich gerne in polaren Lösungsmitteln wie Wasser. Unpolare Substanzen wie Kunststoffe, Gummi, Harze, Lacke, Wachs, Klebstoffe lösen sich gerne in unpolaren Lösungsmitteln wie Benzin, Aceton, Petrolether, Ethylacetat. Klebt ein Kaugummi an Ihrem Schuh oder gar auf Ihrem Teppich? Kein Problem! Mit Reinigungsbenzin können Sie den Kaugummi ab- und auflösen. Auch der Nagellack auf den Fingernägeln löst sich prima in Aceton (aber nicht in Wasser). Riecht nur immer komisch. Apropos Geruch: Dass die meisten Klebstoffe so typisch nach «Uhu» oder «Pattex» riechen, liegt an dem Lösungsmittel Ethylacetat (Essigsäure-Ethylester), ein gutes unpolares Lösungsmittel. Polare Verbindungen tragen positive und negative Ladungen in ihren Molekülen. Sie würden den elektrischen Strom leiten. Unpolare Moleküle besitzen keine Ladungen und würden daher auch keinen Strom leiten.

....

*« Erst das Wasser, dann die Säure,
sonst passiert das Ungeheure!»*

Mein wichtigster Laborspruch im Praktikum an der Uni.

....

«tatütata»

Merkspruch für die Ausrichtung der OH-Gruppen der Glucose (Traubenzucker) in der Fischer-Projektionsformel. Traubenzucker besteht aus einer Kette von sechs Kohlenstoffatomen, die miteinander verbunden sind. An den vier mittleren Kohlenstoffatomen hängen vier Hydroxyl-Gruppen. Diese bestehen aus einem Sauerstoff- und einem Wasserstoffatom (OH). Jedes Kohlenstoffatom trägt genau eine OH-Gruppe, die entweder rechts oder links am Kohlenstoffatom hängen kann. ta bedeutet rechts, tü bedeutet links.

....

«Kupfer und Zink ergibt Messink.»

Diesen Merkspruch habe ich mir selber ausgedacht.

....

*«Die Liebe wird überbewertet. Biochemisch
gesehen ist sie nichts anderes als der Konsum
großer Mengen Schokolade.»*

AL PACINO (* 1940)

....

....

«Ich bin ein Kämpfer und mache das Ding weiter.
Die Chemie stimmt intern.»

JÜRGEN KLINSMANN (* 1964), 2 Tage später wurde er als Trainer
des FC Bayern München rausgeworfen.

....

«Gerührt – nicht geschüttelt»

Der berühmte sehr starke, sehr kalte und trockene Martini-
Cocktail namens «Vesper» besteht aus Gin, Wodka und Kina
Lillet oder Lillet Blanc (3 : 1 : $^1/_2$). Er wird entweder auf Eis
geschüttelt oder in einem vorgekühlten Glas gerührt. Ein
gerührter Vesper bleibt klar, ein geschüttelter wird trüb, weil
sich eine Emulsion bildet.

JAMES BOND, the one and only real chemist.

ZUSAMMENFASSUNG

Grundsätzlich gilt: Keine Angst vor Chemie, keine Angst vor Formeln, keine Angst vor Reaktionsgleichungen. Um das Wesentliche der Chemie zu verstehen, brauchen Sie weder Formeln noch
Gleichungen. Wenn Sie erst einmal die Grundlagen der Chemie,
also den Aufbau der Materie aus Atomen und Molekülen, sowie
die Rolle der Elektronen bei chemischen Reaktionen, erfasst haben, können Sie bei Interesse auch jederzeit tiefer in die Welt der
Moleküle eindringen. Es ist wie beim Autofahren: Wenn man
gerade den Führerschein gemacht hat, wird man nicht sofort
die Steilküstenstraßen Korsikas entlangfahren, sollte es sich zumindest gut überlegen. Sie werden sich nach und nach an die
Materie herantasten und Ihre Angst überwinden, je mehr Sie
sich mit der konkreten Aufgabenstellung beschäftigen.

Stellen Sie sich Atome und Moleküle nicht abstrakt vor, sondern – wie oben vorgeschlagen – als Staaten(gemeinschaften)

mit Außenministern oder als Köpfe mit Vogelschwarm. Der angeregte Übergangszustand und das chemische Gleichgewicht spielen bei allen chemischen Reaktionen eine zentrale Rolle. Wenn Sie das verstanden haben, haben Sie den Chemie-Führerschein bereits bestanden. Jetzt können Sie sich guten Mutes an die nächsten Kapitel heranwagen.

Rätselfragen des Alltags

1. *Welches radioaktive Element wird bei der zeitlichen Datierung von Fossilien verwendet?*
   a) Kohlenstoff ^{14}C – Kohlenstoffatome mit 6 Protonen, 8 Neutronen sowie 6 Elektronen. Halbwertszeit: 5730 Jahre
   b) ^{238}Uran – Uranatome mit 92 Protonen, 146 Neutronen sowie 92 Elektronen. Halbwertszeit: 4,5 Milliarden Jahre
   c) ^{36}Chlor – Chloratome mit 17 Protonen, 19 Neutronen sowie 17 Elektronen. Halbwertszeit: 300 000 Jahre

2. *Warum ist Kohlenmonoxid (CO) brennbar, Kohlendioxid (CO_2) aber nicht?*
   a) Weil Kohlenmonoxid eine niedrige Entzündungstemperatur hat.
   b) Weil Kohlenmonoxid noch ein weiteres Sauerstoffatom aufnehmen kann.
   c) Weil Kohlendioxid bereits vollständig verbrannt ist.

(Lösungen siehe S. 256)

Literatur

Richard E. Dickerson / Irving Geis: *Chemie – eine lebendige und anschauliche Einführung*, VCH Verlagsgesellschaft Weinheim, 1986

2.

Chemielabor Mensch
– unser Körper

✱ ✱ ✱

Der menschliche Körper ist das reinste Biochemielabor, in dem Tag und Nacht gearbeitet wird: von der Verdauung über das Blut bis hin zu unseren hochspezialisierten Zellen. Bei den dabei ablaufenden chemischen Prozessen spielen Enzyme eine zentrale Rolle. Enzyme sind molekulare Werkzeuge, die bestimmte chemische Vorgänge und Reaktionen bewerkstelligen (siehe S. 54). Ich möchte mit Ihnen ein wenig in die molekulare Welt Ihres Körpers eintauchen und einige wesentliche Phänomene beschreiben, wie z. B. den Stoffwechsel, die Schnelligkeit von Enzymen, unsere Immunabwehr sowie die molekularen Abläufe einer HIV-Infektion und deren Chemotherapie. Außerdem erfahren Sie, wie Sie Blut leuchten lassen können.

Unser Stoffwechsel

Was passiert eigentlich mit unserer Nahrung, die wir im Mund zerkauen und in den Magen transportieren, während wir selbst nichts weiter tun als warten und atmen? Es findet ein hochkomplexes Zusammenspiel von Enzymen und aufgenommenen Nahrungsmitteln statt, ein chemischer Verwertungsprozess, genannt Stoffwechsel. Dieser Stoffwechsel bedeutet nichts anderes, als die in Form von Nahrung aufgenommenen Kohlenhydrate (Stärke, Zucker), Fette (Butter, Öl, Sahne, Käse) und Proteine bzw. Eiweißstoffe (Fleisch, Fisch, Milchprodukte) zu verdauen, sprich verwertbar zu machen. Aus der Sicht eines Chemikers ist der in fast allen Zellen stattfindende Stoffwechsel eine Oxidation, also die vielzitierte «Verbrennung» von

Nährstoffen mit dem eingeatmeten Sauerstoff. Damit stellt er die wesentliche Energieerzeugung in unserem Körper dar. Aus den energiereichen Nahrungsmitteln «holt» sich unser Körper die Energie heraus, speichert sie selbst als ATP-Moleküle ab und scheidet energiearme Abfallprodukte wie Kohlendioxid, Wasser und Harnstoff (im Urin) aus. ATP steht für Adenosintriphosphat und ist der universelle Energieträger aller Lebewesen auf der Erde. Es ist das Benzin, der Kraftstoff für unsere Maschinen (Enzyme), für unsere Hirnleistungen und unsere Bewegungen (Muskeln).

Damit die in der Nahrung gespeicherte Energie «erreichbar» wird, gibt es den Prozess der Verdauung. Üblicherweise beginnt die Verdauung bereits im Mund während der Nahrungsaufnahme. Die Zähne zerkleinern die Nahrung zusammen mit dem Speichel zu einem Brei. Der Speichel besteht aus Wasser, Salzen, Mucinen (sehr große, zuckerhaltige und somit schleimige Kettenmoleküle) und Verdauungsenzymen. Der Nahrungsbrei wird im Magen und Dünndarm immer weiter aufgeschlossen, mit Verdauungssäften aus Galle und Bauchspeicheldrüse malträtiert, bis alles in kleine (Bruch-)Moleküle aufgespalten ist. Denn nur, wenn die Nahrungsmittelmoleküle klein genug sind, können sie durch die Dünndarmwand ins Blut und schließlich zu den Körperzellen gelangen, dorthin, wo sie gebraucht werden. Das ist wie bei einer Zuckerfabrik, wo zuerst die erntefrischen, ganzen Zuckerrüben angeliefert, dann gewaschen, in Schnitzel zerkleinert, als Brei aufgekocht und schließlich in die Reinzucker-Abteilung eingebracht werden.

Am Beispiel der Verdauung der Kohlenhydrate möchte ich den Stoffwechsel etwas ausführlicher erläutern. Zu den Kohlenhydraten gehören Zucker (u. a. Rübenzucker, Rohrzucker, Traubenzucker bzw. Glucose, Milchzucker) sowie Mehl und Stärke (u. a. in Kartoffeln, Reis, Nudeln, Brot). Stärke und Mehl bestehen übrigens letztlich auch nur aus Zuckermolekülen, genauer aus sogenannten Vielfachzuckern (Polysacchariden). Diese werden größtenteils bereits im Mund durch die *Amylase*, ein Verdauungsenzym, in Zweifachzucker-Moleküle namens Maltose (= Malzzucker) gespalten, die aus zwei identischen Glucosemolekülen besteht und süßlich schmeckt. Das können Sie ganz einfach nachprüfen, indem Sie ein Stück Brot (enthält reichlich Stärke bzw. Kohlenhydrate) lange Zeit kauen. Nach einigen Minuten schmeckt der Brotbrei süßlich. Die Aufspaltung geht aber noch weiter. Die Spaltung der Maltose in die beiden Glucosemoleküle besorgt schließlich das Enzym *Maltase* im Dünndarm, und es kommt zum Endprodukt Glucose, also Traubenzucker. Wir halten fest: Jedes Brot, jede Nudel, jedes Reiskorn, das wir essen und herunterschlucken, kommt aufgespalten als Traubenzucker im Dünndarm an.

Neben den Vielfachzuckern wie Stärke und Mehl nehmen wir auch einfachere Zucker mit der Nahrung auf, z. B. Traubenzucker oder Rübenzucker (Saccharose). Es gibt zwei Grundstrukturen, aus denen fast alle Zuckermoleküle aufgebaut sind. Die eine Molekülstruktur müssen Sie sich vorstellen wie das Haus vom Nikolaus mit schiefen Wänden (Fünfeck) und die andere Molekülgestalt wie eine Bienenwabe (Sechseck). Es gibt Dutzende verschiedener Zuckermoleküle: Lactose (Milchzucker), Fructose (Fruchtzucker), Maltose (Malzzucker), Glucose (Traubenzucker, Dextrose), Saccharose, Ribose usw. Die Endung «ose» sagt dem Chemiker sofort, dass es sich um ein Zuckermolekül handelt, also einen Ring aus Kohlenstoffatomen mit einigen OH-Gruppen dran und ein Sauerstoffatom. Die OH-Gruppe bezeichnet der Chemiker als Hydroxyl-Gruppe und ist in vielen organischen Verbindungen vertreten, wie beispielsweise bei den Alkoholen (Ethanol, Methanol) oder bei den Carbonsäuren (Ameisensäure, Essigsäure).

Beim handelsüblichen Zucker für die Küche handelt es sich um Saccharose (Kristallzucker, Rohrzucker, Rübenzucker). Dieser Zucker ist ein Zweifachzucker, eine Art siamesischer Zwilling aus Fruchtzucker (5-Ring) und Traubenzucker (6-Ring). So fest verbunden nehmen wir ihn zu uns. Doch im Dünndarm ist dann Schluss mit süß. Ein Enzym namens *Sucrase* spaltet den Zucker in Fruchtzucker und Traubenzucker. Aberbillionen siamesischer Zuckerzwillinge werden tagtäglich in unserem Körper erfolgreich getrennt und schließlich in die Körperzellen transportiert, wo sie zu Energie «verbrannt» werden. Der Chemiker spricht bei diesem Vorgang nicht von Verbrennung, sondern lieber von der Glucose-Oxidation, der sogenannten Glykolyse. Was da chemisch genau passiert, möchte ich Ihnen an einem einzelnen Zuckermolekül gerne vor Augen führen.

Durch eine schier undurchschaubare Prozessreihe werden die sechs Kohlenstoffatome des Traubenzuckers in unseren Körperzellen (vor allem in Muskelzellen) nach und nach mit Hilfe Dutzender Enzyme in zehn Schritten abgespalten und anschließend abgebaut zu Pyruvat – auch Brenztraubensäure genannt ($CH_3COCOOH$). Aus einem Molekül Glucose entstehen zwei Moleküle Pyruvat, aus denen mit Hilfe des Enzyms *Pyruvat-Dehydrogenase* zwei Moleküle CO_2 abgespalten werden. Übrig bleibt das Acetyl-Coenzym A (Acetyl-CoA), eines der wichtigsten und universellsten Transportmoleküle. Es transportiert die vom Traubenzucker stammende Acetyl-Gruppe (CH_3COO-) in den (von den meisten Biologie- und Medizinstudenten gefürchteten) sogenannten Zitronensäurezyklus, bei dem in einem ersten Schritt Oxalsäure in Zitronensäure – daher auch der Name – umgewandelt wird. Dieser Zyklus, der als chemischer Kreisprozess abläuft, ist der wichtigste Mechanismus zur Energiegewinnung in allen lebenden Organismen. Mit Hilfe von neun Enzymen, sprich über neun Stufen, wird die Zitronensäure wieder zu

Oxalsäure umgebaut, was mit einer Abspaltung von weiterem Kohlendioxid und einer Energiegewinnung einhergeht. Die abgespaltenen CO_2-Moleküle stammen also letztlich von der durch die Nahrung aufgenommenen Glucose (in Form von Stärke, Zucker oder Traubenzucker).

Auch der vom Rohr-/Rübenzucker abgetrennte Fructose-5-Ring wandert durch den Dünndarm in die Zellen, und auch seine Kohlenstoffatome werden – wie beim Glucose-6-Ring – durch Glykolyse und im Zitronensäurezyklus zu CO_2 abgebaut, das wir dann als Abfallprodukt ausatmen.

Die mit der Nahrung aufgenommenen Fette werden, wiederum unter Mithilfe zahlreicher Enzyme, in einem eigenen Kreislauf oxidiert und schrittweise abgebaut, anschließend in Form von Acetyl-CoA als Energielieferant in den Zitronensäurezyklus eingespeist. Auch die aus Aminosäuren bestehenden Proteine werden in einem eigenen Zyklus schrittweise abgebaut bzw. oxidiert und dabei die Kohlenstoffgerüste zum größten Teil dem Zitronensäurezyklus zugeführt. Die Stickstoffanteile werden letztlich als Harnstoff ausgeschieden. Unser Stoffwechsel verhält sich wie beim Auspressen einer Orange – es wird fast alles verwertet, der Saft, das Fruchtfleisch –, alles wird bis auf den letzten Tropfen ausgequetscht, und übrig bleibt nur noch die fast wertlose Schale.

Nochmals kurz zusammengefasst: Die Glykolyse baut Traubenzucker bis zum Pyruvat ab. Das passiert in der Zelle. Schlüsselmoleküle sind das Acetyl-CoA und das Enzym *Pyruvat-Dehydrogenase*. Sie verbinden die Glykolyse mit dem Zitronensäurezyklus, der in den Mitochondrien («Kraftwerken») der Zellen abläuft. Über das Acetyl-CoA werden auch Fette in den Zyklus eingespeist. Als Endprodukte werden Energie in Form von ATP (Adenosintriphosphat) sowie Kohlendioxid als Abfall freigesetzt. Der Leber kommt bei dem Ganzen insofern eine besondere Bedeutung zu, als sie den Stoffwechsel, den Glucose-Spiegel im Blut steuert und überflüssige Glucose als Glykogen (lange Ketten aus bis zu 50 000 Glucose-Molekülen) speichert.

Die Verstoffwechselung von einem Molekül Glucose liefert rund ein Megajoule Energie oder 36 ATP-Moleküle, die Energiebilanz ist also positiv. Ein Molekül Fett(-säure) liefert dabei eine Energie von 129 ATP-Molekülen, 3,5-mal mehr Energie als durch Glucose. Fette sind also die wichtigsten Energiespeicher in Lebewesen. Ein erwachsener Mensch mit 70 Kilogramm Gewicht verfügt durchschnittlich über rund 11 Kilogramm Fett. Müsste die Energie dieser 11 Kilogramm Fett in Form von Glucose im Körper gespeichert werden, würde unser Durchschnittserwachsener 55 Kilogramm mehr wiegen, also ein Gewicht von ansehnlichen 125 Kilogramm auf die Waage bringen!

Als Faustregel können Sie sich merken: Der Mensch erzeugt und verbraucht in etwa sein Eigengewicht an ATP. Um eine (übliche) Treppe zum nächsten Stockwerk hinaufzusteigen, benötigt der Mensch etwa 2 Kilojoule (kJ) Energie. Unsere täglich benötigte Energieaufnahme durch Nahrung beträgt 6000 (knapp 1450 kcal) bis 10 000 (knapp 2400 kcal) Kilojoule, ein durchschnittlicher Energiewert, der für das Ersteigen von 4000 Stockwerken reicht. Die Energiereserven der Leber bringen es auf einen Wert, der für 850 Stockwerke reicht, und die Fettreserven des Fettgewebes reichen für sage und schreibe 2,8 Millionen Stockwerke! Das sollte genügen.

Beim gesamten Stoffwechsel ist alles miteinander verwoben und verstrickt, Ab-

Energiereserven in einem 70 kg schweren menschlichen Körper:

Glucose (auch als Glykogen): in Leber 1700 kJ, in Muskeln 5000 kJ, im Fettgewebe 300 kJ

Fette: in Leber 1900 kJ, in Muskeln 1900 kJ, in Fettgewebe 565 000 kJ

Ein Glucosemolekül liefert 1000 kJ Energie beim Stoffwechsel

Ein Fettmolekül liefert 3500 kJ Energie beim Stoffwechsel

baustoffe werden wiederverwertet, viele chemische Reaktionen greifen ineinander, ein an ein Wunder grenzendes Zusammenspiel Tausender chemischer Reaktionen (siehe Graphik «Biochemische Reaktionswege» auf S. 80 f.).

Das Kohlenstoffatom (C) im Kohlendioxid (CO_2), das wir bei jedem Atemzug ausatmen, stammt ursprünglich aus den Kohlenhydraten, insbesondere aus dem Zucker, den wir mit der Nahrung aufnehmen. Die ausgeatmeten Kohlenstoffatome der verstoffwechselten Glucose in Form von Kohlendioxid (CO_2) gehen aber nicht in der Atmosphäre verloren, sondern werden wieder von Pflanzen, zum Beispiel von einer Zuckerrübe oder einer Zuckerrohrpflanze, aufgenommen und mit Hilfe des Sonnenlichts durch die Fotosynthese zu Zucker verarbeitet. Womit sich der große Kreislauf auf unserer Erde schließt. Sehr gutes System, die Sache mit dem Kohlenstoff und dem CO_2 – wäre da nicht der Mensch mit seinem unermesslichen Energieverbrauch und den Milliarden Tonnen Ausstoß von Kohlendioxid in die Atmosphäre. Im Jahr 2011 betrug die weltweite CO_2-Emission knapp 32 Milliarden Tonnen. Was sich evolutionär über Jahrmillionen als empfindliches und hochkomplexes Gleichgewicht zwischen Oxidation und Reduktion auf molekularer Ebene entwickelt hat, wird zunehmend beeinträchtigt. Nicht nur das für jeden Menschen sicht- und spürbar veränderte «makrokosmische» Klima wird zum Menschheitsproblem. Wir müssen auch aufpassen, dass das «mikrokosmische Klima» möglichst im Gleichgewicht bleibt.

EXPERIMENT: VERDAUUNG

Sie brauchen:
verschiedene Sorten Brot (Graubrot, Weißbrot, Knäckebrot, Brötchen)

Durchführung: Nehmen Sie ein Stück Brot in den Mund und kauen Sie es etwa drei Minuten lang (Uhr benutzen!). Im Mund entsteht der süßliche Geschmack von Maltose. Ihre Amylase-Enzyme im Mundspeichel arbeiten einwandfrei.

Enzyme

Proteine, zu denen die Enzyme gehören, wirken wie Katalysatoren und stabilisieren den chemischen Übergangszustand. Enzyme sind so effizient, weil sie die Reaktionspartner eng zusammenbringen. Die im Stoffwechsel aktiven, oben bereits erwähnten Enzyme (früher auch als Fermente bezeichnet) sind molekulare Werkzeuge mit enormer Leistung und höchster Effizienz. Sie machen fast alles in unserem Körper. Sie spalten, zerlegen, beseitigen Moleküle, und sie verbinden und fügen Moleküle zusammen. Lassen Sie mich einige Beispiele nennen.

Die Verdauungsenzyme im Speichel, im Magen und im Dünndarm spalten die aufgenommenen Nährstoffe in kleine, verwertbare Moleküle. Das *Lysozym* kann sogar die Zellwände von bestimmten Bakterien aufbrechen und sie somit abtöten. Die *ATP-Synthase* ist der Generator in den «Kraftwerken» (Mitochondrien) der Zellen und stellt – ähnlich wie bei einer mit drehenden Schaufeln besetzten Gasturbine – ATP-Moleküle her. Dabei wird nicht Wasserdampf als Antrieb verwendet, sondern Wasserstoffatome. Die ATP-Synthase ist eines der größten und komplexesten Enzyme und besteht aus mindestens 16 Untereinheiten. Sie hat ein fast monströses Molekülgewicht von rund 400 000 Gramm pro Mol. Das relativ kleine *Myoglobin* (Gewicht: 17 000 Gramm pro Mol) dient als Speicher für Sauerstoff in Muskelzellen, damit diese auch bei großen Leistungen gut versorgt sind – klein, aber wichtig. Durch die Verknüpfung von Oxalsäure und Acetyl-CoA mit Hilfe der *Citrat-Synthase* entsteht die Zitronensäure, die den genannten Zitronensäurezyklus einleitet.

Schätzungsweise 30 000 verschiedene Enzyme tummeln sich in Ihrem Körper und regeln so gut wie alles, was biochemisch machbar ist. Was schätzen Sie: Wie viele Moleküle kann ein einziges Enzym in einer Sekunde zerlegen bzw. zusammenfügen, das heißt in seinem aktiven Zentrum binden, spalten oder verbinden und wieder auswerfen? Hier eine kurze Rangliste einiger ausgewählter Enzyme:

Platz 5 (ziemlich lahm)

Bei einer Zellteilung muss das Erbgut, die DNS, verdoppelt bzw. kopiert werden. Das bewerkstelligt die *DNS-Polymerase*. Sie schafft etwa 10 bis 15 Bausteine pro Sekunde. Unser Erbgut besteht übrigens aus etwa neun Milliarden Bausteinen! Auch das Aids-Virus HIV benutzt eine ähnliche «Kopiermaschine», um sein Erbgut zu vervielfältigen, bevor es in die Chromosomen der befallenen Zelle eingebaut wird. Allerdings besteht das HIV «nur» aus etwa 10 000 Bausteinen. Das virale Kopierenzym *(Reverse Transkriptase)* braucht also gut 15 Minuten, um das HIV-Genom einmal komplett zu verdoppeln (mehr zum HIV siehe S. 73 ff.).

Platz 4 (schnell)

Die bekannten Verdauungsenzyme *Trypsin* und *Chymotrypsin* werden in der Bauchspeicheldrüse (Pankreas) hergestellt und ausgeschüttet. Ihre enzymatische Wirkung entfalten sie aber erst im Dünndarm. Dort spalten sie Eiweißstoffe (Proteine) in die einzelnen Aminosäuren mit einer Rate von 100 bis 500 Proteinen pro Sekunde.

Platz 3 (sehr schnell)

Man schätzt die Zahl unterschiedlicher *Kinasen* auf rund 520. Sie alle übertragen das Phosphat (PO_4^{3-}) des ATPs auf Zuckermoleküle oder Proteine. Diese sogenannte Phosphorylierung ist eine fundamentale Reaktion in allen Lebewesen, weil sie letztlich zur Energiegewinnung beiträgt. Die Übertragung der Phosphatmoleküle auf Glucose-Zuckermoleküle durch Kinasen ist nötig, damit der Glucoseabbau (Glykolyse) eingeleitet wird. Darüber hinaus dient die Phosphatübertragung als wichtiger Kontrollmechanismus und für die Regulation von Enzymen. Durch die Phosphorylierung aktivieren die Kinasen auch solche Proteine, die Signale von außen in das Innere einer Zelle oder vom Inneren einer Zelle in den Zellkern leiten. Diese Signalweitergabe geschieht u. a. beim Sehen, Riechen, bei der Blutdruckregulation, bei Hormonwirkungen. Am Beispiel Insulin kann man das verdeutlichen: Der Insulinrezeptor durchdringt die Zellmembran – wie alle zellulären Rezeptoren – von außen bis innen. An der Außenseite der Zelle «schaut» die Bindungsstelle für Insulin heraus, im Inneren der Zelle hängt am Rezeptor noch zusätzlich eine Kinase. Wenn nun das Hormon Insulin an einen von seinen Hunderten bis Hunderttausenden Insulinrezeptoren pro Zelle andockt, dann aktiviert die am Rezeptor hängende Kinase durch Phosphorylierung eine Kinase, die sich im Inneren der Zelle befindet. Diese aktiviert wiederum eine andere Kinase. Es wird eine ganze Signalkaskade aus fünf Kinasen und mehreren Botenstoffen ausgelöst – wie beim Anstoßen einer Dominosteinstrecke. Über diesen hochkomplizierten Signalmechanismus wird der Blutzuckerspiegel, also der Gehalt an Glucose (Trauben-zucker), im Blut, rasch und effektiv geregelt. Ohne ihn würde es zu einer Überzuckerung des Blutes kommen, der Blutkreislauf förmlich überschwemmt werden mit Traubenzucker, der nicht mehr aus dem Blut entfernt werden kann. Die Körperzellen würden keinen Nährstoff mehr bekommen, weil Glucose als wichtigster Energielieferant lediglich im Blut herumschwimmt, anstatt in den Mitochondrien («Kraftwerken») der Zellen (Mus-kelzellen, Organzellen) durch den Zitronensäurezyklus in Ener-gie umgewandelt zu werden.

Kinasen wirken wie ein Kran, der Bauteile von einem Laster aufnimmt und an der Baustelle wieder absetzt. Deshalb bezeich-net man sie auch als *Transferasen*. Diese Enzyme übertragen um die 1000 «Bausteine» pro Sekunde von hier nach da.

Platz 2 (wahnsinnig schnell)

In den roten Blutkörperchen, die den eingeatmeten Sauerstoff über das Hämoglobin zu allen Zellen und Geweben transportie-ren, befinden sich auch Enzyme namens *Carboanhydrasen*. Sie haben die Aufgabe, das beim Stoffwechsel als Abfall gebildete, gasförmige Kohlendioxid (CO_2) mit Wasser zu löslicher Kohlen-säure zu verbinden. Flüssige Kohlensäure lässt sich im Körper nämlich sehr viel besser transportieren als das freie Gas. Wie im ersten Kapitel bereits erwähnt, liegt das Gleichgewicht der Reaktion von Wasser (H_2O) und Kohlendioxid (CO_2) zu flüssiger Kohlensäure (H_2CO_3) zu 99,8 Prozent auf der Seite der beiden Ausgangsstoffe, also auf der Seite von H_2O und CO_2. Die *Carbo-anhydrase* katalysiert, d. h. beschleunigt diese Reaktion auf das 10^7fache (zehnmillionenfache). Ebenso setzt die *Carboanhy-drase* in den winzigen Blutgefäßchen der Lungen aus der flüs-sigen Kohlensäure wieder gasförmiges CO_2 frei (das wir dann ausatmen). Die *Carboanhydrase* kann in einer Sekunde bis zu einer Million Moleküle CO_2 in Kohlensäure umwandeln und umgekehrt, d. h., für die Umwandlung eines Moleküls CO_2 benötigt dieses Enzym nur eine Mikrosekunde (10^{-6} Sekunden). Das ist auch gut so. Denn schon 3 Prozent CO_2 in unserem Atem führt zu leichten Beschwerden, ab 8 Prozent tritt Bewusstlosigkeit ein, und alles jenseits der 8 Prozent wäre eine tödliche CO_2-Dosis.

Platz 1 (unvorstellbar schnell)

Und jetzt stelle ich Ihnen den Weltrekordhalter vor: die *Katalase*, das schnellste Enzym der Welt. Die *Katalase* beseitigt das bei unserem Stoffwechsel täglich als Abfall produzierte, ätzende Wasserstoffperoxid (H_2O_2), indem sie es in harmloses Wasser und in Sauerstoff spaltet. Der freigesetzte Sauerstoff wird wiederum zum Abbau von (beispielsweise aus unserer Nahrung aufgenommenen) DNS-Bausteinen verwendet. Eine *Oxidase* heftet den Sauerstoff an einzelne DNS-Moleküle und wandelt sie in mehreren Stufen in Harnsäure um, die wir mit dem Urin ausscheiden. Interessanterweise besitzt die *Oxidase* wie das Hämoglobin ein Eisenatom in ihrem Zentrum, welches das Peroxid bzw. den Sauerstoff bindet und «festhält». Auch die *Katalase* verfügt über solch ein zentrales Eisenatom. Die *Katalase* kann sage und schreibe 10 Millionen ätzende Wasserstoffperoxid-Moleküle pro Sekunde in Wasser und Sauerstoff zerlegen, d. h., für die Spaltung eines Moleküls H_2O_2 benötigt dieses Enzym nur 0,1 Mikrosekunden ($0,1 \times 10^{-6}$ Sekunden). Fast unvorstellbar. Was für eine effiziente Maschine! Beim «Zauber-Softeis»-Experiment (siehe S. 156) können Sie diese sensationelle biochemische Reaktion live erleben. Dabei werden ca. 10^{23} (100 000 000 000 000 000 000 000) Wasserstoffperoxidmoleküle in wenigen Sekunden zerlegt.

Weitere wichtige und bekannte Enzyme sind:

Pepsin, das im Magensaft enthalten ist und zum Abbau von Eiweißstoffen (Proteinen) dient.

Lipase, das in hoher Zahl von der Bauchspeicheldrüse ausgeschüttet wird. Lipasen zerlegen Fette in Glycerin und Fettsäuren und helfen so bei der Fettverdauung. Die Energieausbeute einer Verstoffwechselung (Oxidation) von einem Molekül Fettsäure liefert bemerkenswerte 129 ATP-Moleküle entsprechend 4 MJ Energie.

Alkoholdehydrogenase, das in der Leber sitzt und den Alkohol im Körper zu Acetaldehyd abbaut, einem nahen Verwandten des berüchtigten Formaldehyds. Acetaldehyd ist Urheber des «Katers» nach einer Vollrauschnacht. Im weiteren Verlauf wird das Acetaldehyd von dem Enzym *Aldehyd-Dehydrogenase 2* zu Essigsäure umgewandelt, die schließlich über den Zitronensäurezyklus letztlich zu CO_2 und Wasser abgebaut wird. Etwa 50 Prozent der Asiaten haben eine veränderte (mutierte) Form der *Aldehyd-Dehydrogenase 2* in ihrem Körper, die das Acetaldehyd nur langsam abbaut. Das erklärt den allgemein bekannten Umstand, dass Asiaten nicht so viel Alkohol vertragen und schneller die negativen Katerfolgen zu spüren bekommen als Europäer.

Acetylcholinesterase, die für den sofortigen Abbau des Neurotransmitters (Nervenbotenstoffs) Acetylcholin sorgt, das für die Nervenreizübertragung in Gehirn und Rückenmark zuständig ist. Der Zeitabstand zwischen den Reizen (Impulsen), die von Nervenzelle «A» zur benachbarten Nervenzelle «B» an der Synapse (Verbindungsfläche) fließen, muss möglichst gering gehalten werden. Nur so gelingt eine schnelle Signalübertragung, die nötig ist, um beispielsweise die Atemmuskulatur in Bewegung zu halten. Pro Signal (Impuls) können bis zu 300 Acetylcholin-«Pakete» (in kleine Bläschen verpackt) mit jeweils rund

10 000 Molekülen pro «Paket» freigesetzt werden. Die Acetyl-cholin-Moleküle wandern zur Nervenzelle «B» und docken an den Acetylcholinrezeptoren an. Dadurch wird blitzschnell ein elektrischer Strom weitergeleitet. Das Enzym *Acetylcholineste-rase* beseitigt anschließend rasend schnell alle Acetylcholin-Signalmoleküle. Sie benötigt nur 40 Mikrosekunden pro Molekül und macht so den Weg frei für die nächsten elektrischen Signale, die mit bis zu 1000 Impulsen pro Sekunde angerast kommen. Ein einziges Enzym kann innerhalb von 0,4 Sekunden ein Paket, also 10 000 Moleküle Acetylcholin, beseitigen, und die Synapsen (Nervenverbindungsflächen) sind übersät mit Tausenden von *Acetylcholinesterase*-Molekülen und auch von Acetylcholin-Rezeptoren. In unseren Nervenzellen wimmelt es nur so von Molekülen, die dicht an dicht gepackt sind und unvorstellbar schnell und effizient arbeiten.

Genau hier wirken übrigens die weltweit stärksten und tödlichsten (Nerven-)Gifte: Sarin und Tabun sind Nervengase, die die *Acetylcholinesterase* hemmen und blockieren. Innerhalb weniger Sekunden kommt es dadurch zu einer Art Signalstau, es können keinerlei Reize und Signale vom Gehirn weitergeleitet werden. Der Effekt: Dauerreizung und Ganzkörper-Muskelverkrampfung. Unmittelbare Folge ist u. a. sofortige Atemlähmung und Tod. Auch das berühmte Pfeilgift der südamerikanischen Indianer, Curare, bewirkt einen Stopp der Signalübertragung, indem es die Acetylcholin-Rezeptoren blockiert.

In unserem Körper herrscht jedoch nicht immer nur Friede, Freude, Eierkuchen. Mikroorganismen, Krankheitskeime, winzige Winzlinge machen uns das Leben schwer. Gegen diese Angreifer hat unser Körper eine biochemische Meistertaktik entwickelt, die wir als Immunsystem bezeichnen. Das Zusammenspiel von chemischen Molekülen, Antikörpern und Abwehrzellen ist eine faszinierende Mikrowelt in unserem Körper, von der wir meistens gar nichts mitkriegen.

Die Körperchen im Blut

Blut, unser aller Lebenssaft, transportiert nicht nur Glucose, Fette, diverse Enzyme sowie Energie- und Botenstoffe durch unseren Körper, sondern beherbergt auch jede Menge kleiner Zellen – im Volksmund auch Körperchen genannt. Zum einen gibt es die «roten» Blutkörperchen, die für den Gasaustausch zuständig sind, zum anderen die «weißen» Körperchen (Leukozyten), landläufig bekannt als die «Polizisten» im Blut. Sie dienen als Teil des Immunsystems der Abwehr von Krankheitserregern.

Die roten Blutkörperchen (Erythrozyten) bestehen zu 35 Prozent aus dem roten Blutfarbstoff Hämoglobin, einem Protein mit einem zentralen Eisenatom in der Mitte. Der Rest besteht hauptsächlich aus Wasser (Zellflüssigkeit) und einigen Proteinen, beispielsweise den Blutgruppen-Proteinen. Ein Liter Blut kann rund 200 Milliliter Sauerstoff aufnehmen. Die roten Blutkörperchen transportieren den über unsere Lungen aufgenommenen Sauerstoff – gebunden am Eisenatom des Hämoglobins – in alle Regionen unseres Körpers und versorgen sämtliche Zellen, insbesondere die Muskel- und Leberzellen, mit Sauerstoff. Dort wird er in den Stoffwechsel zur «Verbrennung» der Nährstoffe in die Mitochondrien eingespeist. Das beim Stoffwechsel (Glucose-, Fettabbau) im Zitronensäurezyklus entstandene Kohlenstoffdioxid (CO_2) wird sowohl über das Hämoglobin als auch mit Hilfe des Enzyms *Carboanhydrase* aus jeder Zelle wieder herausbefördert. Durch Gasaustausch in den winzigsten Blutgefäßchen in der Lunge, die mit den rund 300 Millionen

Lungenbläschen verschmolzen sind, atmen wir das Kohlendioxid aus. Der Sauerstoff- bzw. Kohlendioxidaustausch ist eine Gleichgewichtsreaktion und geschieht mittels Diffusion durch die Zellwände. Dabei spielt die Konzentration der Gase eine große Rolle. Wird die Menge an (eingeatmetem) Sauerstoff größer, verschiebt sich der Gasaustausch gemäß dem Prinzip des kleinsten Zwanges (Le Chatelier) in Richtung Sauerstoffbindung an das Hämoglobin. Wird die Menge an (entstehendem) Kohlendioxid größer, verschiebt sich der Gasaustausch in Richtung Freisetzung des Kohlendioxids. Es ist ein Geben und Nehmen im Mikrosekundenbereich.

In einem Liter Ihres wertvollen Blutes schwimmen fünf Milliarden weiße und fünf Billionen rote Blutzellen. Die roten sind also tausendfach in der Überzahl und übrigens die häufigsten Zellen bei Wirbeltieren und Mensch. Selbst bei einer heftigen Immunantwort wie bei Fieber, Grippe, Schnupfen, Windpocken, bei der die Zahl der weißen Blutkörperchen rasant ansteigt, stehen rote und weiße Blutkörperchen in einem Verhältnis von 100 zu 1. Könnte man alle roten Blutzellen eines Erwachsenenkörpers wie bei einer Perlenkette hintereinander aufreihen, würde diese Blutzellenkette (ca. 225 000 km) etwa fünfmal um die Erde reichen. Eine entsprechende weiße Blutzellenkette (ca. 600 km) käme gerade mal von Köln nach Dresden.

Anzahl rote Blutkörperchen im Körper:
ca. 30×10^{12} (30 Billionen)

Durchmesser eines roten Blutkörperchens:
ca. $7,5 \times 10^{-6}$ m (7,5 Mikrometer)

Umfang der Erde:
ca. 40 000 km

Länge der roten Blutkörperchenkette: 225 000 km

Anzahl weiße Blutkörperchen im Körper:
ca. 30×10^9 (30 Milliarden)

Durchmesser eines weißen Blutkörperchens:
ca. 10 bis 20×10^{-6} m (10 bis 20 Mikrometer)

Länge der weißen Blutkörperchenkette:
300 bis 600 km

Leuchtendes Blut?

Der «Glühwürmchen-Effekt» von Blut wird in der Kriminal-
biologie eingesetzt, um kleinste, nicht sichtbare Blutspuren an
dunklen Kleidungsstücken, an Möbeln oder an dunklen Wänden
am Tatort sichtbar zu machen. Diese Reaktion ist sehr sensibel.
Selbst Blutspuren in gewaschener Wäsche können noch nachgewiesen werden! Blut enthält immer den roten Farbstoff: das Hämoglobin. Hämoglobin besteht aus einem organischen Kohlen-
wasserstoffgeflecht, verbunden mit einem Eiweißstoff (Protein)
aus 146 Aminosäuren. In der Mitte des ganzen Knäuels sitzt ein
Eisenatom. Hämoglobin hat die phantastische Eigenschaft zu
leuchten, wenn man es mit folgendem Chemikalien-Cocktail
besprüht: 500 Milliliter destilliertes Wasser, versetzt mit etwas
Lauge oder Soda (Natriumcarbonat) und mit etwas Bleichmittel
(3-prozentiges Wasserstoffperoxid oder Bleichmittel auf Sauerstoffbasis – Natriumperborat, Natriumpercarbonat –, wie es
im Vollwaschmittel enthalten ist) sowie einer Messerspitze des
Farbstoffs Luminol. Licht aus, Blut-Spot an!

Der Farbstoff Luminol reagiert mit dem Sauerstoff aus dem
Bleichmittel im alkalischen Milieu. Luminol lagert Sauerstoff
an, es wird oxidiert, wie der Chemiker sagt, und dabei auf ein hohes Energieniveau – gleichsam auf einen hohen Energieberg –
angehoben. Nun kommt das Blut ins Spiel: Der rote Blutfarbstoff, das Hämoglobin, «schubst» das oxidierte Luminol vom
hohen Berg wieder hinunter ins Tal. Dabei spielt das Eisen im
Hämoglobin eine wichtige Rolle. Die zwischen Bergspitze und
Talmulde freiwerdende Energie wird während der «Talfahrt»
der Moleküle in Form von blauem Licht an die Umgebung abgegeben. Dieses Chemolumineszenz-Leuchten kann Minuten bis
Stunden dauern (mehr zur Chemolumineszenz siehe S. 134 ff.).

EXPERIMENT: LASSEN SIE BLUT LEUCHTEN

Sie brauchen:
Vollwaschmittel (für 95° / 60°-Kochwäsche, muss Bleich-
mittel auf Sauerstoffbasis enthalten)
0,2 g (1 Teelöffelspitze) Luminol (AppliChem,
Sigma-Aldrich; 5 g ca. 36 Euro, leicht reizend)
Marmeladenglas mit Schraubdeckel
Glas (ca. 0,5 l)
Esslöffel
Teelöffel
10 ml Blut vom Schwein oder Rind (Metzgerei, Schlachthof)

Durchführung: Geben Sie 2 bis 3 gehäufte EL Vollwaschmittel in das Marmeladenglas und fügen Sie eine Teelöffelspitze
Luminol hinzu. Gut vermischen (Deckel fest zudrehen und
Glas hin- und herschwenken). Geben Sie nun etwa 2 TL dieser
Mischung in das 0,5-Liter-Glas und füllen es mit Wasser auf.
Achtung: Es schäumt. Bis jetzt leuchtet noch nichts. Wenn Sie
aber nur einen einzigen Tropfen Blut in die Lösung geben, be-
ginnt ein einzigartiges Schauspiel (Dunkelheit!): Leuchtende,
türkisblaue Schlieren bahnen sich ihren Weg. Rühren Sie mit
einem Esslöffel vorsichtig um, und das gesamte Glas leuchtet.
Das Leuchten lässt leider nach einigen Minuten wieder nach.
Sie können es jedoch kurzfristig wieder auffrischen, indem
Sie einen TL voll Blut in das Glas geben und wieder umrühren.

Auf der Laugenoberfläche bildet sich feinster Schaum, be-
gleitet von leisem Zischen. Der Chemiker erfasst sofort: Gasbildung! Im Blut sind viele Enzyme enthalten, u.a. die *Katalasen*, die das Peroxid des Bleichmittels in Sauerstoff spalten.
Der überschüssige Sauerstoff schäumt das Blut auf.

(Weitere Leuchtexperimente finden Sie in Kapitel 4, S. 136 f.)

Da die im Experiment beschriebene Luminol-Reaktion nicht immer eindeutig ist, weil auch Metalle aus Pflanzen oder aus dem Boden ein positives Testergebnis verursachen, werden mutmaßliche Blutspuren beispielsweise an einem Tatort zusätzlich oder auch ausschließlich über den «Kastle-Meyer-Test» bestimmt. Dabei wird das potenzielle Blut mit einem Wattestäbchen aufgenommen, das bei eingetrockneten, alten Blutspuren zusätzlich mit Ethanol (Alkohol) angefeuchtet ist. Dann werden einige Tropfen des farblosen Kastle-Meyer-Reagenzes hinzugegeben. Tritt bereits zu diesem Zeitpunkt eine Farbreaktion (Pink) ein, handelt es sich nicht um Blut, sondern um eine andere Substanz (z.B. ein Metall). Erst wenn nach Zugabe einiger Tropfen Wasserstoffperoxid (H_2O_2) nach wenigen Minuten eine Verfärbung eintritt, ist Blut nachgewiesen. Als Indikator dient hier das durch Reduktion (Elektronenaufnahme) mit Zink und Lauge farblos gemachte Phenolphtalein. Auf dem Wattestäbchen reagiert dann das im Blut enthaltene Eisen mit dem Wasserstoffperoxid und verwandelt das farblose Phenolphtalein durch Oxidation (Elektronenabgabe) in seine pinkfarbene Struktur. Wie im ersten Kapitel ausführlich beschrieben, handelt es sich auch bei dieser Reaktion um einen Austausch der «Außenminister»-Elektronen. Da Phenolphtalein wegen seiner mutmaßlichen teratogenen (fruchtschädigenden), karzinogenen (krebserregenden) und mutagenen (keimbahnschädigenden) Wirkung als giftig und gefährlich eingestuft wird, gibt es seit 2011 den sogenannten Kastle-Meyer-Test mit dem blauen Farbindikator Thymolphtalein. Das harmlose Thymolphtalein zeigt wie das Phenolphtalein eine unterschiedliche Farbigkeit im reduzierten (farblosen) und oxidierten (blauen) Zustand.

Unser Immunsystem

Tagtäglich werden wir von unzähligen Krankheitserregern attackiert. Durch Atmung und über das Essen und Trinken nehmen wir Bakterien, Viren und Schimmelpilze auf. Durch jede Körperöffnung gelangen Mikroorganismen bzw. Infektionskeime in unseren Körper, täglich haben wir das Vergnügen mit Tausenden von Keimen. Und trotz dieser Dauerattacke verschimmeln wir nicht wie eine liegengelassene Scheibe Toastbrot. Warum ist das so? Aus einem ganz einfachen und doch wiederum sehr komplexen Grund: Unser einzigartiges, hochentwickeltes Immunsystem wird mit all diesen Bakterien, Viren und Schimmelpilzen fertig und beseitigt sie. Jeden Tag nehmen die «Körperpolizisten» ungebetene Bakterien und Viren gefangen und schmeißen sie aus dem Körper hinaus. Dann müssen Sie sich zum Beispiel übergeben, plötzlich ganz oft zum Klo rennen, oder Sie husten und niesen und müssen sich ständig die Nase putzen. Fazit: Einer der wesentlichen Unterschiede zwischen Mensch und Toastbrot ist, dass wir Menschen ein Immunsystem besitzen.

Wie funktioniert unser Immunsystem?

Weiße Blutkörperchen sind spezielle Körperzellen, die ständig im Blut und überall im Körper herumschwimmen. Man unterscheidet im Wesentlichen drei Sorten weißer Blutkörperchen: Fresszellen, B-Zellen, Killerzellen.

Die **Fresszellen** (Makrophagen) sind wie Staubsauger und saugen die eingedrungenen Bakterien und Viren einfach auf. Sie patrouillieren vor allem in unseren Schleimhäuten, an unseren Körperöffnungen, sie eilen zu frischen Wunden. Sie saugen eigentlich alles auf, was nicht in unseren Körper hineingehört, auch Schmutz, Dreck, winzige Splitter und ähnliche Fremdkörper. Fresszellen sind ziemlich gefräßig und recht wahllos, was ihr «Futter» angeht.

Die **B-Zellen** schütten dauernd sogenannte Antikörper ins Blut hinein. Ein Antikörper – auch Immunglobulin genannt – ist aus molekularer Sicht ein y-förmiges, recht aufwendiges Gebilde aus durchschnittlich rund 26000 Atomen. Die beiden «Ärmchen» des Y sind hochvariabel. Damit heften sie sich an fremde Oberflächenmoleküle. Antikörper können Sie sich vorstellen wie Fausthandschuhe, die Bakterien, Viren oder andere Erreger einfangen, umhüllen, umschließen und somit unschädlich machen. Jeder Erreger, egal, ob Bakterium, Virus oder Pilz, hat auf seiner Oberfläche «Hände» (molekulare Strukturen, Eiweißstoffe oder Kohlenhydrate, Oberflächenproteine), mit denen er sich an entsprechende Körperzellen anheften und eindringen kann. Viren nutzen diese Hände zum Andocken: Rhino-Viren befallen Nasenzellen, Hepatitis-Viren befallen Leberzellen, Mumps-Viren dringen in Speicheldrüsen ein, und Varizellen-Viren entern Nervenzellen. Auch alle Körperzellen haben Oberflächenmoleküle. Mit diesen «Händen» («Antennen») kommunizieren die Zellen miteinander, sie begrüßen sich, sie treffen sich, und sie tauschen Informationen aus.

In unserem Blut «schwimmen» wahllos und zufällig Hunderttausende verschiedene Antikörper herum. Passt ein Handschuh auf einen Erreger, dann wird dieser Handschuh millionenfach kopiert und in einer «Datenbank», den Lymphknoten oder der Milz, abgespeichert. Mit diesen Handschuhen abgefangene Bakterien oder Viren können uns nichts mehr anhaben, da sie nicht mehr an ihre Zielzellen andocken und sie infizieren können. Sie sterben ab, verrotten, werden von Fresszellen aufgesaugt und als Müll aus dem Körper entlassen, zum Beispiel als Eiter oder Schnupfenschleim.

Durch jede erlebte Viruskrankheit oder durch eine Impfung zum Beispiel gegen Masern oder Mumps haben wir ausreichend viele passende Handschuhe im Blut. Wir sind immun, d. h., unser Körper hat einen Schutz gegen diese Krankheiten aufgebaut. Gelangt zum Beispiel ein Masern- oder Mumps-Virus in einen immunen Körper, so wird es sofort massenhaft mit passenden Antikörpern unschädlich gemacht.

Wissenschaftler haben errechnet, dass unser Immunsystem etwa 10 bis 100 Millionen verschiedene Antikörper herstellen kann. Die große Vielfalt beruht auf der vielseitigen, molekularen Veränderlichkeit der beiden Y-Ärmchen. Wie viele Bakterienarten gibt es wohl insgesamt auf der Welt? 10 000? 100 000? Laut WHO existieren zurzeit 500 000 verschiedene Bakterien weltweit. Wir sind großzügig und sagen: eine Million verschiedene Bakterienarten. Und ebenfalls laut WHO gibt es zurzeit weltweit 50 000 verschiedene Virenarten – wir sind wieder großzügig und sagen: 100 000 verschiedene Viren. Und schließlich existieren laut WHO zurzeit weltweit 100 000 verschiedene Pilzsporen. Wir sind großzügig und sagen 200 000 verschiedene Schimmelpilzarten. Rechnen wir alles zusammen, dann stehen 1 300 000 Krankheitserregern bzw. Mikroorganismen mindestens 8 Millionen Antikörper gegenüber. Es gibt also theoretisch gegen jeden Erreger genügend Antikörper.

Die dritte Sorte weißer Blutkörperchen sind die sogenannten **Killerzellen**, die als Abwehrzellen überall im Körper herumschwimmen. Sie sind wahre Tötungsmaschinen, die nichts anderes tun, als kranke oder befallene Zellen abzutöten. Jede befallene Zelle, die zum Beispiel von Viren infiziert ist, wird erkannt und getötet. Wie töten Killerzellen? Sie schießen, stechen, piksen mit Hilfe von zellauflösenden Eiweißstoffen (Proteinen) Löcher in die kranken Zellen, sodass diese auslaufen und absterben. Anschließend «saugen» Fresszellen die toten Über-

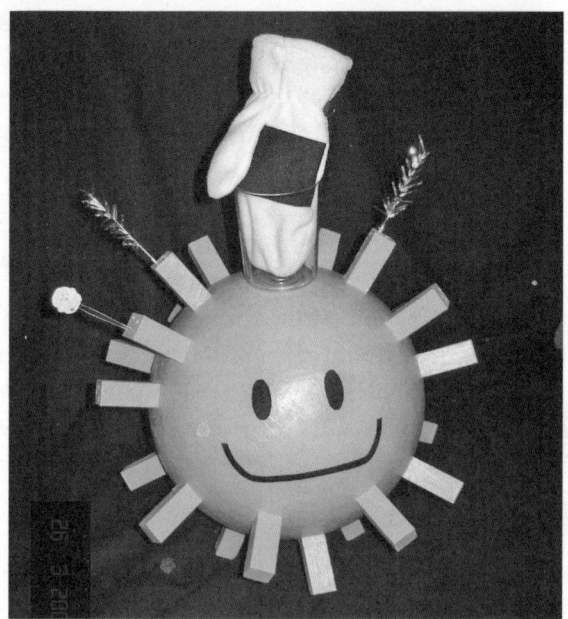

Modell B-Zelle mit Handschuh als Antikörper

reste auf. Wenn eine Killerzelle eine befallene Zelle erkennt, dann vermehrt sich genau diese eine Killerzelle – es entstehen Millionen identischer Killerzellen, die alle befallenen Zellen im Körper abtöten.

Bei einer Ansteckung mit einem neuen, unbekannten Virus muss unser Immunsystem erst einmal den passenden Handschuh in großer Zahl herstellen. Und die Killerzellen müssen die von Viren befallenen Zellen erkennen und sich dann vermehren und mit dem Abtöten der angegriffenen Zellen beginnen. Das dauert im Durchschnitt etwa fünf bis sieben Tage (je nach Inkubationszeit auch länger) – wir können krank werden und Schnupfen, Lungenentzündung, Windpocken, Masern, Röteln bekommen, aber in der Regel werden wir wieder gesund.

Unser Immunsystem ist in der Lage, jeden, absolut jeden Erreger unschädlich zu machen! Es sei denn, unser Abwehrsystem ist geschwächt, zum Beispiel durch Schlafmangel, Unterkühlung, Alkohol, Drogen oder eine Krankheit.

Gefahr im Anmarsch: Bakterien und Viren

Besonders Bakterien und Viren können unser Immunsystem trotz aller Abwehrmaßnahmen aushebeln und somit für unseren Körper eine tödliche Gefahr bedeuten. Wie diese Mikroorganismen das schaffen, soll im Weiteren kurz erläutert werden.

Bakterien

Bakterien sind winzig kleine Lebewesen und mit bloßem Auge nicht sichtbar, die meisten sind etwa einen tausendstel Millimeter klein (0,001 mm). Sie haben die Form von Kugeln, Stäbchen, Korkenziehern, Fäden, Hanteln, Pantoffeln oder Kommas. Sie kommen überall vor: im Boden, in der Luft, im Wasser, auf unserer Haut, sogar am Nordpol im ewigen Eis (Permafrostboden) und in kochenden Schlammpfützen neben Vulkanen. Bakterien sind einerseits überaus nützlich für die gesamte Erde. Sie lassen nämlich (ab)gestorbene Organismen faulen und verwesen, verwandeln zum Beispiel tote Mäuse, abgefallene Blätter, verfaultes Obst und Bio-Abfälle in hochwertige Erde (Humus). Dadurch werden viele wertvolle Stoffe wieder in den Kreislauf der Natur zurückgeführt. Das geschieht auch in Ihrem Komposthaufen im Garten. Ohne Bakterien gäbe es kein Leben auf der Erde. Nützliche Bakterien leben vor allem in Ihrem Darm, dort, wo das Essen verdaut wird. Bis zu 8000 verschiedene Bakterienarten fühlen sich dort ausgesprochen wohl und helfen Ihnen u. a. beim

Pupsen. Andere nützliche Bakterien leben in Joghurt, Butter-
milch, Käse. Diese Bakterien heißen zum Beispiel *Lactus bacillus*
und verwandeln Milch in Joghurt.

So winzig Bakterien sind, so wirkungsvoll, aber auch so gefährlich können sie für uns sein. Sie können lebensgefährliche
Krankheiten wie Pest, Typhus, Lepra, Cholera, Salmonellen-
Infektion, Diphtherie oder Wundstarrkrampf (Tetanus), Läh-
mungen und Karies verursachen und sind für viele Entzündungen verantwortlich, wie zum Beispiel der Lungen, des
Magens oder der Mandeln. Ihre zum Teil tödliche Gefahr rührt
daher, dass sie erstens so entsetzlich viel essen und sich zweitens so extrem schnell vermehren können.

Bakterien essen jeden Tag etwa zwei- bis dreimal so viel,
wie sie wiegen. Stellen Sie sich vor, Sie wiegen 70 Kilogramm.
Wenn Sie ein Bakterium wären, dann würden Sie jeden Tag etwa
200 Kilogramm Essen zu sich nehmen. Das sind 200 Brote! Oder
200 Liter Milch! Oder 2000 Tafeln Schokolade! Oder 85 714 Gum-
mibärchen! Und alle 20 Minuten können sich Bakterien teilen,
d. h., nach einer Stunde sind aus einem Bakterium acht Bakterien geworden, nach zwei Stunden 64, nach drei Stunden 512,
nach sechs Stunden schon über 262 000.

Stellen Sie sich einmal vor, ein Bakterium hätte die Form
eines klitzekleinen Würfels, der 0,001 Millimeter – also einen
tausendstel Millimeter – breit, lang und hoch ist. Dieses Bakterium teilt sich nun alle 20 Minuten. Nach 20 Minuten sind es
zwei Bakterien, nach 40 Minuten sind es vier, nach einer Stunde
acht usw. Nach einem halben Tag (12 Stunden) sind es schon
rund 70 Milliarden Bakterien! Nach einer Woche sammeln Sie
alle entstandenen Bakterien ein und stapeln sie in eine große,
würfelförmige Kiste. Wie groß muss die Kiste sein, damit alle
entstandenen Bakterien hineinpassen? Nur 10 Meter breit,
lang und hoch? Oder 200 Kilometer breit, lang und hoch? Oder

vielleicht doch 100 Milliarden Lichtjahre breit, lang und hoch (1 Lichtjahr = 9,5 Billionen km)? Die letzte Antwort ist richtig!

Dieses Beispiel macht deutlich, wie gefährlich diese Winzlinge dem «großen» menschlichen Körper werden können, wenn sie sich irgendwo im Körper eingenistet haben und sich ungehindert vermehren können. Wenn Ihr Immunsystem die Bakterien nicht in kurzer Zeit in Schach halten würde, dann würden Sie vor lauter Bakterien bald «platzen».

Apropos platzen: Wussten Sie schon, dass Sie mehr Bakterien auf und in sich tragen und beherbergen, als Sie Körperzellen haben? Der menschliche Körper besteht aus etwa 10^{13} Körperzellen – in Worten: 10 Billionen Zellen, davon 100 Milliarden «graue Zellen», sprich Hirnmasse. Die Anzahl «unserer» Bakterien beläuft sich auf die unglaubliche Zahl von 10^{14} – das sind 100 Billionen Viecher! Ich hatte immer gedacht, ich sei relativ clean, wenn ich mir dreimal am Tag die Hände mit Seife wasche. Pustekuchen. Sind wir Deutschland? Sind wir Lena? Sind wir Papst? Nein! Wir sind Bakterium! Sie sitzen überall, von Kopf bis Fuß, von den Zähnen bis zum Popo. Aber etwas Positives bringt diese ernüchternde Tatsache der Fremdbesiedelung doch: Würde man alle unsere Bakterien zusammentreiben und wiegen, brächten sie stolze 1,5 Kilogramm auf die Waage. Diese 1,5 Kilogramm können Sie nun also getrost von Ihrem aktuellen Lebendgewicht abziehen – ganz ohne Diätzwang oder Abnehmen im Schlaf. Da fühlt man sich doch gleich viel wohler.

Viren

Viren sind noch viel winziger als Bakterien, nämlich durchschnittlich etwa 100 Nanometer, das bedeutet einen zehntausendstel Millimeter (0,0001 mm) klein. Sie sind im Grunde gar keine richtigen Lebewesen, können sich nicht selber ernähren und auch nicht selbst vermehren. Viren sind die Sex-Loser der Evolution – keine Hormone, keine Triebe. Was können wir Menschen von den Viren also lernen? Sex ist nicht alles im Leben. Es gibt auch ein erfülltes Leben ohne Sex. Es kommt auf die inneren Werte an – und die haben es bei Viren im wahrsten Sinne des Wortes in sich.

Neben viralen Enzymen besteht ein Virus vor allem aus seinem Erbgut, seinem Erbmaterial, seinem genetischen Bauplan. Nicht mehr, aber auch nicht weniger. Es ist das Minimum an Molekülen, das nötig ist, um am Leben zu bleiben. Viren befallen Zellen, dringen in sie ein, schleusen ihr Erbmaterial in das Genom der befallenen Zelle, ernähren sich von den Nährstoffen der Zelle, bedienen sich der gesamten Produktionsmaschinerie der Zelle und lassen sich bequem von ihr zigfach herstellen.

Richtig «nützliche» Viren gibt es eigentlich kaum oder gar nicht. Viren verursachen viele Krankheiten wie Schnupfen, Masern, Mumps, Röteln, Windpocken, Röteln, Gürtelrose, (Vogel-/Schweine-)Grippe, Entzündungen der Leber, Aids. Mir ist nur ein Fall von nützlichen Viren bekannt, die in der Hummerzucht gegen schädliche Bakterien (künstlich) eingesetzt werden. Diese Viren – sogenannte Bakteriophagen – befallen die Bakterien und töten sie ab. Mehr oder weniger leblose Viren werden auch in der Genforschung als sogenannte Gen-Fähren eingesetzt, um im Zuge einer Gentherapie genetisches Material zum Beispiel in kranke Zellen einzuschleusen.

Spezialfall Aids-Virus

Pocken-, Masern-, Mumps- oder Röteln-Viren haben dank der Impfmöglichkeit ihren Schrecken weitgehend verloren. Selbst gegen eine Grippe (Influenza) kann man sich jährlich impfen und somit schützen lassen. Doch kaum ein Virus hat solche Schlagzeilen gemacht wie das Aids-Virus HIV (Human Immunodeficiency Virus). Durch seine Übertragungswege über Blut- und Geschlechtskontakt sind ganze soziale Gruppen wie Homosexuelle, Drogenabhängige und Prostituierte stigmatisiert worden. Aids ist leider eine typische «Armenkrankheit», da eine mögliche Therapie horrende Kosten nach sich zieht. Weltweit sind etwa 35 Millionen Menschen – hauptsächlich in Afrika und Asien – mit dem HI-Virus infiziert (Stand 2011). Jährlich sterben rund zwei Millionen HIV-Infizierte an den Folgen der Immunschwäche.

Das Bewusstsein und das Wissen über das HIV haben nach meinen Beobachtungen in Deutschland und Europa erheblich nachgelassen. Da ich selbst zwei Jahre lang im Hochsicherheitslabor der Uni München mit dem HIV gearbeitet und geforscht habe, möchte ich Ihnen im Folgenden die taktische Überlegenheit dieses Virus sowie seinen «Lebensstil» exemplarisch vorstellen.

Woher kommt das Aids-Virus?

Ganz sicher nicht aus einem geheimen US-Gen-Labor für biologische Kriegsführung. Schon aus strategischen Überlegungen kann das nur Unsinn sein. Das HIV ist dafür schlicht und ergreifend zu harmlos, zu langsam. Es dauert durchschnittlich zehn Jahre, bis das Virus seinen «Wirt» umgebracht hat. Das HIV ist eine kriegstechnische Niete. Der menschliche Körper ist beinahe in der Lage, mit dem Virus ein Leben lang zusammenzuleben, ohne Schaden zu nehmen (dahin arbeitet auch die langfristige Chemotherapie von HIV-Infektionen). Außerdem ist der Übertragungsweg zu schwierig. Eine biologische Waffe muss durch Tröpfcheninfektion, also über die Luft, über die Atmung stattfinden. Alle anderen Übertragungswege über Blut oder Samenflüssigkeit wären viel zu uneffektiv. Das HIV stammt aus Affen, genauer gesagt stammt es von Schimpansen ab. Das ist seit etlichen Jahren wissenschaftlich eindeutig belegt.

Das Leben des Aids-Virus

Viren brauchen zum Überleben und Vermehren immer Zellen, in denen sie sich verstecken und vervielfältigen können. Viren docken immer an bestimmte Zellen des Körpers an, Schnupfen-Viren an Nasenschleimhautzellen, Mumps-Viren an Speicheldrüsenzellen, Hepatitis-Viren an Leberzellen und HI-Viren an Zellen des Immunsystems. Aids-Viren greifen die sogenannten T-Helferzellen an. Das sind die zentralen Zellen des Immunsystems, die alle anderen Immunzellen, wie die B-Zellen und die Killerzellen, koordinieren. Und genau das ist das Fatale, das Gemeine, das Neue, das Tödliche, das noch nie Dagewesene: Kein anderes Virus greift ausgerechnet unsere Immunzellen an!

Und weil sich die «Hände», die Oberflächenmoleküle des Aids-Virus, laufend verändern, schaffen es die «Handschuhe», Antikörper, nicht, sich richtig anzupassen. Das Immunsystem bildet Millionen von Antikörpern, die aber ohne Wirkung bleiben. Die Viren entkommen also. Das Immunsystem hinkt ständig hinterher. Die Aids-Viren sind dem Immunsystem immer einen Schritt voraus.

Die Veränderungsrate des HIV ist beeindruckend und weltweit wohl einmalig. Ein paar Zahlen sollen das verdeutlichen: Der Mensch kommt innerhalb von 2000 Jahren, also seit Christi Geburt, auf etwa 66 Generationen. Das HIV schafft in nur zehn Jahren unglaubliche 3000 Generationen! Es ist somit etwa 10 000-mal schneller und veränderlicher als wir. Das Erbgut des Menschen und anderer Säugetiere besteht aus Milliarden Bausteinen, während die Erbsubstanz des HIV aus nur 10 000 Bausteinen aufgebaut ist. Vor allem hat das Virus eine hohe Mutationsrate. Jedes 10 000ste Virus hat eine Veränderung in seinem Erbgut. HIV-Infizierte produzieren jeden Tag etwa eine Milliarde neue Viren. Pro Jahr kommt das HI-Virus auf 140 bis 300 Lebenszyklen. Folglich werden innerhalb von zehn Jahren ca. vier Billionen (4 × 10^{12}) HIV-Partikel produziert. Das bedeutet letztlich, dass jeden Tag an allen 10 000 Stellen des viralen Erbguts eine Mutation auftritt, die eine Änderung der Eiweiß-/Proteinstrukturen nach sich ziehen kann. HIV mutiert wie verrückt, und somit verändert sich seine Oberfläche unglaublich schnell: etwa eine Million Mal schneller als bei anderen Lebewesen.

Die Oberflächenmoleküle – eine bestimmte Sorte von Rezeptoren – auf dem HI-Virus kann man mit gespannten Mausefallen vergleichen, von denen jedes Virus etwa 100 Stück auf sich trägt. Trifft nach einer Infektion ein HI-Virus auf eine Helferzelle, dann streckt diese ihre eigens dazu vorhandenen «Hände» entgegen, um zu prüfen, ob es sich bei diesem Partikel um Freund oder Feind handelt. So, wie sie es immer macht. Und genau diese Hände macht sich das HIV zunutze. Denn schon die kleinste Berührung mit der Mausefalle ist fatal. Sie schnappt augenblicklich zu, und die Hand ist gefangen, es gibt jetzt kein Entrinnen mehr. Das Schicksal dieser Helferzelle ist besiegelt. Wie ein Pirat hat sich das Virus fest an der Zielzelle verankert, entert sie und dringt durch Zellwandverschmelzung in ihr Inneres ein. Dieser Andockmechanismus passiert tatsächlich auf molekularer Ebene. Das reale Größenverhältnis von Zelle zu Virus ist etwa wie Handball zu Stecknadelkopf. Einmal infiziert, ist die Helferzelle verloren und wird zum «Spielball» des Virus.

Den Aufbau des HIV kann man sich vorstellen wie den einer Pralinenschachtel. Die äußere Schachtel ist die Virushülle, eine feste Verpackung. Öffnen Sie eine Schachtel Pralinen! Was se-

Modell HI-Virus mit Mausefalle als Rezeptor

hen Sie? Eine Schutzhülle aus luftigem Kunststoff (symbolisiert die Protein-Hülle p17 des Virus, wobei p für Protein und 17 für das Molekulargewicht × 1000 steht) und darunter eine weitere, dünne Klarsichtfolie (symbolisiert das Capsid-Protein p24). Unter dieser erst kommen die einzelnen Pralinen zum Vorschein. Die Pralinen symbolisieren die drei Virus-Enzyme, die «Werkzeuge» des Virus, mit denen es sich in das menschliche Erbmaterial einschleust. Die golden eingepackte, herausragende und somit wichtigste Praline steht für das Erbmaterial des HIV.

Therapie einer HIV-Infektion

Es gibt verschiedene Möglichkeiten, um eine HIV-Infektion zu bekämpfen:

* Blockierung der Virus-Andockung an die Zielzelle. Die Mausefallen des HI-Virus werden unschädlich gemacht, so als ob sie mit Knetmasse zugespachtelt würden.
* Hemmung des Enzyms *Reverse Transkriptase*, das für die immense Vervielfältigung des viralen Erbmaterials zuständig

ist. Es gibt Wirkstoffe, die diesem leistungsfähigen «Kopier-gerät» bildlich gesprochen falsche bzw. giftige Kopierblätter zuführen oder einfach den Stromstecker ziehen.

* Blockierung des Enzyms *Integrase*, das die Virus-DNS im Erbgut der befallenen Zelle einfügt. Der «Tube» dieses Kleb-stoffs wird der Verschluss zugedreht, und sie wird wie mit Knetmasse fest verkittet, sodass sie nichts mehr abgeben kann. Medikamente gegen die *HIV-Integrase* sind noch weit-gehend in der Entwicklung.

* Blockierung der *HIV-Protease*, die während der Reifung große Eiweißverbindungen im Vireninneren in kleine, funk-tionsfähige und lebenswichtige Substanzen zerlegt. Diese «Schere» wird außer Funktion gesetzt. Protease-Hemmer, von denen Sie vielleicht schon mal gehört haben, sind die bisher erfolgreichsten HIV-Medikamente.

Behandelt man HIV-Infizierte mit den sehr erfolgreichen Pro-tease-Hemmern, werden zwar immer noch Viren im Körper gebildet, aber sie sind nicht mehr vermehrungsfähig. Das Virus stirbt innerhalb kurzer Zeit aus. Von außen sehen diese Viren aus wie alle anderen HI-Viren, aber ihr Innenleben wird völlig verändert, ihre Innereien sind quasi «verklumpt». Damit sind die Viren nicht mehr lebensfähig.

HIV-Test
Beim sogenannten Aids-Test oder HIV-Test handelt es sich kor-rekt gesprochen um einen Antikörper-Suchtest. Der Arzt sucht nach möglichen Antikörpern gegen das Virus, also nach «Hand-schuhen». Aufmerksame Leser/-innen werden nun zu Recht fragen, warum man trotz der hohen Veränderlichkeit des Virus passende Antikörper aus dem Blut der Infizierten herausfischen kann. Wenn sich das HI-Virus täglich 10 000-mal verändert, än-

dern sich auch dauernd die Antikörper im Blut. Glücklicherweise gibt es Bereiche beim HIV, die sich nicht verändern und bei allen Viren gleich bleiben. Solch ein konstanter Bereich ist zum Beispiel die innere Schutzhülle (p24 Capsid-Protein). Teile dieser Hülle werden beim HIV-Test eingesetzt. Das Immunsystem bildet nämlich nicht nur Antikörper gegen die Oberflächen von Erregern, sondern auch gegen deren innere Strukturen. Das liegt daran, dass unsere Immunzellen die aufgemampften Viren, Bakterien und Pilze in ihrem Inneren in kleine Stücke zerhacken. Diese Bruchstücke – darunter auch Teile des HIV p24 Capsid-Proteins – werden anschließend auf der Oberfläche der Immunzelle wie auf einem Silbertablett dem Immunsystem präsentiert. B-Zellen erkennen diese fremden Strukturen und bilden entsprechende Antikörper.

Das Immunsystem ist in Wirklichkeit mit all seinen chemischen Botenstoffen, den Interleukinen, noch sehr viel komplizierter und komplexer, als ich es hier darstellen kann. Ein gewaltiges Zusammenspiel von hochspezialisierten Zellen und mindestens 35 Botenstoffen. Kein Wunder, dass es da auch mal zu Fehlfunktionen kommen kann (Heuschnupfen, Organabstoßung, Rheuma).

ZUSAMMENFASSUNG

Bei allen Facetten des Lebens, ob Verdauung, Stoffwechsel, Atmung oder Fotosynthese, ja selbst bei der Abwehr krankmachender oder gar todbringender Mikroorganismen, spielt die Chemie eine zentrale Rolle. Es ist das Wirken Zehntausender von Enzymen, Hormonen, Signal- und Botenstoffen, Rezeptoren, Abwehrstoffen und Antikörper, das uns im hochkomplexen Zusammenspiel mit den Billionen Körperzellen am Leben hält. Erforscht und verstanden haben wir erst die Spitze

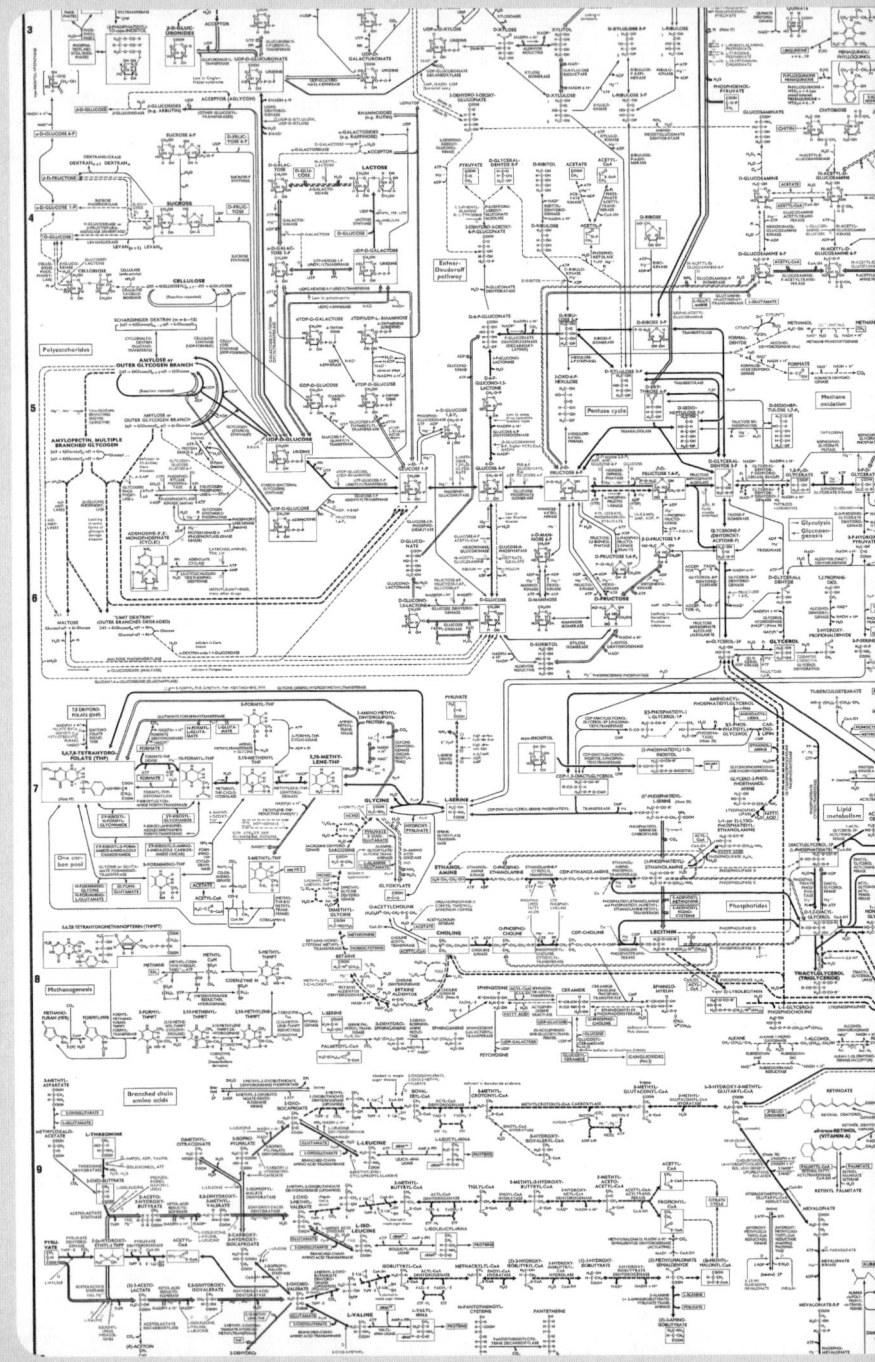

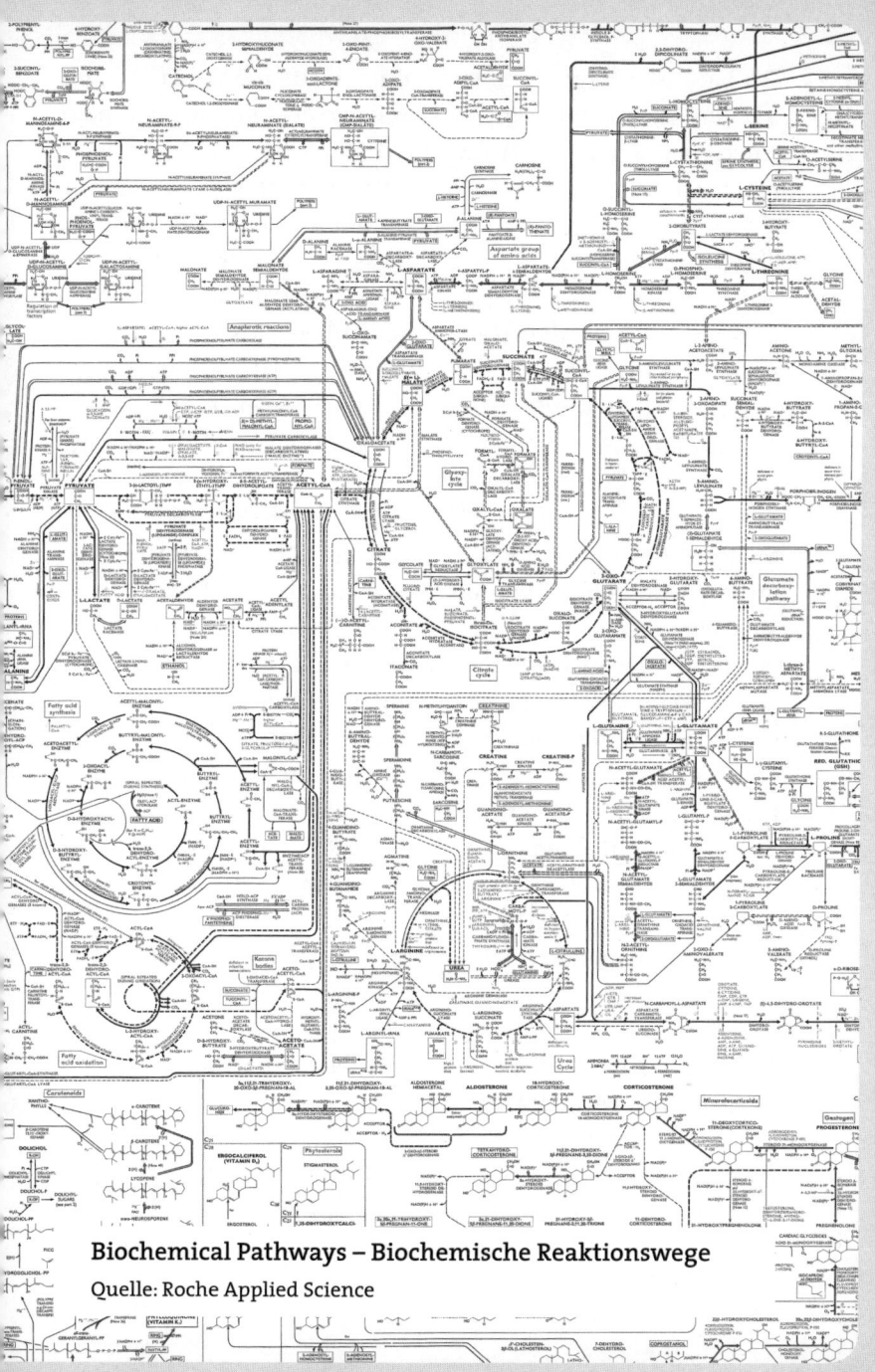

Biochemical Pathways – Biochemische Reaktionswege

Quelle: Roche Applied Science

des Lebenseisberges, und es wird noch Jahrzehnte dauern, bis wir den Algorithmus der Biochemie unseres Körpers komplett entschlüsselt haben – Stichwort Proteomforschung. In Analogie zum Genom, welches die Gesamtheit des Erbguts, des Erbmaterials eines Lebewesens meint, bedeutet Proteom die Gesamtheit aller Proteine (Eiweißstoffe). Das Genom des Menschen ist bereits vollständig entschlüsselt, alle 3,2 Milliarden Bausteine unserer Chromosomen (DNS) liegen auf dem Tisch. Die Abfolge dieser einzelnen Bausteine legt dabei fest, welche Proteine daraus hergestellt werden. Stets drei Buchstaben codieren eine Aminosäure. Hunderte bis Tausende miteinander verknüpfte Aminosäuren bilden schließlich die Proteine. Das Proteom von Bakterien beläuft sich auf 1000 bis 10 000 Eiweißmoleküle. Beim Menschen vermutet man mindestens 400 000 verschiedener Proteine, ausgehend von der Tatsache, dass der Mensch etwa 35 000 bis 40 000 Gene besitzt und aus jedem Gen durchschnittlich zehn verschiedene Proteine hergestellt werden können. Was die Wissenschaft an biochemischen Abläufen bisher herausgefunden hat, zeigt ein sehr bemerkenswertes Plakat von dem deutschen Biochemiker Gerhard Michal mit dem schlichten Namen «Biochemical Pathways» – Biochemische Reaktionswege, das erstmals 1968 erschienen ist. Auf diesem Plakat wird die ungeheure Komplexität und die Verzahnung der molekularen Abläufe deutlich. Das Ganze sieht aus wie ein Wirrwarr aus übereinandergestapelten U-Bahn-Netzen.

Exkurs 1: Pflanzliche Arzneimittel contra chemische Medikamente

Dr. Martin Adler, Lehrbeauftragter für Naturheilverfahren an der Universität Münster, sagte in einem Interview in der *Apo-*

theken Umschau vom 1. August 2011: «Pflanzliche Arzneimittel müssen den Vergleich mit chemischen Medikamenten nicht scheuen.» Ich sehe das genau umgekehrt. Chemische Medikamente müssen den Vergleich mit pflanzlichen Arzneimitteln nicht scheuen. Diese Aussage von Dr. Adler steht stellvertretend für viele und suggeriert, dass pflanzliche Arzneimittel bzw. Medikamente nicht chemischer Natur sind, also nichts mit Chemie zu tun haben. Hier wird erneut die Chemie gegen die Biologie ausgespielt. Chemie ist schlecht und unnatürlich, künstlich. Biologie ist gut und natürlich. Das ist schlichtestes Denken, das nur in die Irre führt. Was wirkt denn bitte schön in pflanzlichen Arzneimitteln? Selbstverständlich chemische Moleküle! Reine Chemie, nichts als reine Chemie. Dr. Adler hätte ja auch von «pflanzlichen Medikamenten» und «chemischen Arzneimitteln» reden können. Arzneimittel hört sich aber natürlicher an als Medikamente. Die meisten Medikamente basieren übrigens auf natürlichen Leitstrukturen aus Pflanzen, Tieren, Pilzen. Die Chemie kann die Arzneiwirkung noch veredeln, verbessern, zum Beispiel oral aufnehmbar (siehe Antibaby-Pille) oder wirksamer machen (siehe HIV). Dr. Adler gibt zu, dass es etliche pflanzliche Mittel ohne direkte Heilwirkung gibt, diese aber zumindest einen Placebo-Effekt verursachen, also psychische Kräfte zur Heilung mobilisiert werden – einzig durch die Vorstellung, einen Wirkstoff zu sich genommen zu haben. Aber allein durch Placebos kann man weder bakterielle noch virale Infektionen, weder Krebs noch Demenz in Schach halten. Ich bin überzeugt, dass jede Erkrankung eine konkrete biochemische Ursache hat und jede Ursache mit einem geeigneten Wirkstoff beeinflusst werden kann. Man muss nur den richtigen Wirkstoff finden. Er liegt vielleicht schon in der Luft und muss nur noch entdeckt werden, so wie die Antibiotika aus Schimmelpilzen oder Taxol aus der Eibe. Dadurch, dass sich Atome wie Kohlenstoff, Wasserstoff, Sauerstoff und Stickstoff beinahe beliebig miteinander verbinden können, sind theoretisch noch Millionen von bisher unbekannten Molekülen zu entdecken, zu synthetisieren, von denen wir bis heute noch gar nichts wissen. Ein riesiger Pool neuartiger Moleküle steckt in noch unbekannten Pflanzen und Tiefseelebewesen, Mikroorganismen und Tieren, die man isolieren und weiter chemisch veredeln kann. Diese Moleküle sind quasi schon existent. Ich stelle mir das einmal mehr vor wie in der Musikszene. Obwohl es doch nur eine gewisse Anzahl von Tönen und Klängen gibt, entstehen seit Jahrzehnten immer wieder neue Hits, die wochenlang auf Platz eins in den Charts stehen, die die Seele berühren, die man mitsingt, die genau ins Schwarze treffen, sodass es scheint, als sei dieser Song nicht mehr zu toppen. Und trotzdem wird nach Monaten oder Jahren ein neuer Supermegahit komponiert. Dann steht da plötzlich der Graf und singt «geboren, um zu leben». Es kommt ein Bruno Mars und ächzt «Grenade» ins Mikro, und alle Welt ist entzückt. Dadurch, dass man die Noten beinahe beliebig kombinieren kann, sind theoretisch noch Hunderttausende heute noch unbekannter Hits quasi schon existent. Man muss sie nur schreiben und finden. Und ich wette: Noch in hundert Jahren werden immer wieder neue Melodien die Charts stürmen.

Exkurs 2: Schüßler-Salze

Bis in die Regenbogenpresse haben sie es inzwischen geschafft, die «Heilsalze», die «die Seele in Balance bringen». Und in den Volkshochschulen werden Seminare unter dem Titel «Biochemie nach Dr. Schüßler» angeboten, die sich offensichtlich großer Beliebtheit erfreuen. Der homöopathische Arzt aus Oldenburg Dr. Wilhelm Heinrich Schüßler (1821–1898) stellte 1873 die These auf, dass Krankheiten durch Störung des biochemischen Mineralhaushalts der Körperzellen entstehen. Schüßler erkannte, dass die Zelle die kleinste und wichtigste Einheit des Körpers ist. Durch krankmachende Ursachen steigere nun eine Zelle ihre Aktivität, was mit einem Verlust an Mineralien einhergehe. Diesen Mineralmangel solle man durch die Gabe von entsprechenden Mineralsalzen ausgleichen, damit die Zelle und ihre Funktion wieder ins Gleichgewicht kommen. Schüßler nannte sein Verfahren «biochemische Heilweise», eine Therapie, die sich auf physiologisch-chemische Vorgänge im menschlichen Organismus stützt. Da die Körperzellen so winzig klein sind, hielt Schüßler es für notwendig, die Mineralsalze in hochverdünnten «feinstofflichen» (homöopathischen) Dosierungen zu verabreichen, weil so die Moleküle angeblich besonders gut in die Zellen gelangen würden. Dagegen dringe eine «grobe» nährstoffreiche Mahlzeit nicht in die Körperzellen, sondern bliebe außerhalb. Die Verdünnung bzw. «Potenzierung» ist so extrem – auf 10^6 bzw. 10^{12} Lösungsmittel-Moleküle kommt ein Molekül Salz –, dass selbst 1000 Tabletten weniger als ein Milligramm Mineralsalz enthalten.

Mit seiner Erkenntnis über die Zellen als wesentlicher Einheit des Organismus und die möglichen chemischen Vorgänge lag Schüßler im Grunde richtig. Allerdings belaufen sich die mineralischen Bestandteile des menschlichen Körpers gerade mal auf eine Größe von 4 bis 5 Prozent. Wir bestehen vor allem aus Sauerstoff (ca. 63 Prozent), Kohlenstoff (ca. 20 Prozent), Wasserstoff (ca. 10 Prozent) und Stickstoff (ca. 3 Prozent). Die hochverdünnte Gabe von Schüßler-Salzen kann wissenschaftlich gesehen keinen Erfolg (außer dem Placebo-Effekt) bringen, weil erstens kaum ein Mineralmolekül in den Tabletten oder Tropfen enthalten ist und zweitens unser Mineralhaushalt mit einem Anteil von nur 5 Prozent eher nicht als Hauptverursacher von Krankheiten wie beispielsweise Infektionen in Frage kommt. Hätte Schüßler zu seiner Zeit schon etwas von den Proteinen, Enzymen oder Hormonen gewusst, wäre er vielleicht auf den richtigen Weg einer «Chemo-Therapie» gekommen. Hinzu kommt, dass fast alle seiner zwölf «Heilsalze» praktisch nicht in Wasser löslich sind. Da man die Tabletten im Mund zergehen lassen soll, damit die Mineralien über die Mundschleimhaut aufgenommen werden, müssten die Heilsalze wasserlöslich sein. Die Tabletten werden aber hauptsächlich aus Milchzucker (Lactose) oder aus Rohrzucker (Saccharose) in Form von Globuli (kleinen Kügelchen) verabreicht. Der Haupteffekt der Schüßler-Salze liegt meiner Meinung nach denn auch vor allem in der Zuckeraufnahme, die ja bekanntlich auch schon helfen soll – zumindest kann unser Körper mit Zucker sehr viel anfangen.

Tatsächlich benötigt unser Körper – insbesondere die Enzyme und Proteine – positiv geladene Metall-Ionen, um zu funktionieren. Natrium und Kalium spielen in Nervenzellen bei der Reizweiterleitung eine wichtige Rolle. Weshalb aber nach Schüßler Kaliumphosphat bei Erschöpfungszuständen, Antriebslosigkeit, Launenhaftigkeit sowie Lernunlust bei Schülern helfen und auch noch das Selbstvertrauen unterstützen, während Kaliumarsenit gegen Panikattacken wirken soll (wenn ich das hier zitiere, kriege ich auch Panikattacken!), ist wissenschaftlich nicht nachvollziehbar. Auch blieben ohne Calcium und Magnesium etliche Enzyme inaktiv und benötigen wir Eisen für den roten Blutfarbstoff, das Hämoglobin. Dass Eisenphosphat nach Schüßler jedoch helfen soll, Ärger, Zorn, Burnout und Entscheidungsschwäche zu lindern, scheint mir denn doch aus dem Reich der Hoffnung und des Glaubens geholt. Calcium ist mit einem Kilogramm in unserem Körper am häufigsten von allen anderen Metallen vertreten. 99 Prozent davon stecken in unseren Knochen, und etwa 930 Milligramm fließen als Calcium-Ionen (Ca^{2+}) in der Körperflüssigkeit herum. Calcium-Ionen steuern eine Vielfalt von biochemischen Vorgängen, wie z. B. die Muskelkontraktion, die Aktivierung von Genen, die Ausschüttung von Botenstoffen und Hormonen und diverse Enzymaktivitäten, helfen jedoch sicher nicht bei Verzweiflung, Ängsten und Sorgen, Liebeskummer, bei der Verarbeitung von Veränderungen wie Umzug oder Scheidung, wie es in der Regenbogenpresse nach Schüßler vollmundig propagiert wird. Es gibt übrigens auch Schüßler-Salze gegen «Geschwätzigkeit»!

Normalerweise sorgt eine ausgeglichene Nahrungsaufnahme für ein völlig ausreichendes Level an lebenswichtigen Mineralien. Deshalb mein Tipp: Ernähren Sie sich gesund und vielseitig, dann bekommt Ihr Körper ganz automatisch alle Metalle bzw. Mineralien, die er braucht.

Rätselfragen des Alltags

1. *Wie viele rote Blutkörperchen werden in Ihrem Körper in einer Sekunde produziert?*
   a) 200 000 rote Blutkörperchen pro Sekunde
   b) 2 Millionen rote Blutkörperchen pro Sekunde
   c) 2 Milliarden rote Blutkörperchen pro Sekunde

2. *Jedes Jahr im Herbst fallen alle Blätter von den Bäumen.*
Warum wird in einem Wald die Laubschicht auf dem Wald-
boden nicht immer höher und höher?

a) Weil das Laub ständig vom starken Herbstwind weggeblasen wird.

b) Weil das Laub ständig vom Förster zusammengerecht wird.

c) Weil das Laub ständig von Bakterien zu Erde zersetzt wird.

(Lösungen siehe S. 256)

Literatur

Moritz Jahns / Bernhard Sieve: *CHEMKON*, Bd. 18, 2 / 2011, S. 83–85

3.

Chemische Delikatessen
– Essen und Küche

In aller Munde: die Molekularküche

Anfang der 90er Jahre sorgte der spanische Koch Ferran Adrià in seinem Restaurant «elBulli» an der Costa Brava mit spektakulären Gerichten für Furore. Unter Anwendung einer radikalen Kochtechnik servierte er den verblüfften Gästen Speisen wie Thunfisch-Bandscheiben, Pizzateig aus Tintenfisch, Tee in Gelatinekugeln, heißes Eis, Kaviar aus Melonen, eiskalte, dampfende Schäume und Gels und Suppen, die beim Essen ihre Temperatur änderten. Neben Adrià zählen vor allem der ungarisch-britische Tieftemperaturphysiker und Hobbykoch («gastrophysics») Nicholas Kurti und der französische Physiko-Chemiker Hervé This zu den Kochrevolutionären. Mit ihrer Erforschung der physikalischen und chemischen Prozesse des Kochens haben sie die wissenschaftlichen Grundlagen für die Molekularküche gelegt und ihr somit den Weg geebnet. Zu den bekanntesten deutschen Wissenschaftlern auf dem Gebiet der Molekularküche gehört der Physiker Professor Thomas A. Vilgis vom Max-Planck-Institut für Polymerforschung in Mainz. Er hat bereits zahlreiche populärwissenschaftliche Bücher zu dem Thema veröffentlicht. Mittlerweile hat sich ein wahrer Boom daraus entwickelt, und das Unwort «Molekularküche» kursiert in ganz Europa. Der mit zahlreichen Preisen ausgezeichnete Molekularkoch Heiko Antoniewicz – als «Magier der molekularen Küche» bezeichnet – ist einer der umtriebigsten deutschen Köche. Er lässt die Ergebnisse der Naturwissenschaft in seine Kochkünste einfließen, hält zahllose Seminare für Köche ab und publiziert preisgekrönte Kochbücher wie z. B. *Finger Food* (2006) oder *Verwegen kochen* (2008).

Die Bezeichnung «Molekularküche» soll wohl zweierlei

Aspekte zum Ausdruck bringen: zum einen, dass es sich um eine neue «Hardware» handelt, um neue, in herkömmlichen Küchen noch nie dagewesene Geräte und Maschinen, die eher typisch sind für ein Chemielabor; zum anderen, dass man mit einer neuartigen «Software», sprich mit neuen Stoffen und ungewöhnlichen Substanzen, arbeitet – mit neuen Molekülen eben. Die Küche wird hier also zum Küchenchemielabor: Statt Küchenmixer, Schneebesen und Drucktopf findet man eine naturwissenschaftlich-laborstabsmäßige Ausstattung mit Präzisionswaage, Zentrifuge, Messzylinder, Wasserbad, Rotationsverdampfer und Kryogefäßen. Als Zutaten dienen Chemikalien wie Natriumalginat (E 401), Calciumchlorid ($CaCl_2$), Guarkernmehl (E 412), Xanthan (E 415) und flüssiger Stickstoff (ca. minus 200 °C). In vielen Rezepten ist die Rede von Algin für Natriumalginat und Calcit für Calciumchlorid, was aus chemischer Sicht natürlich unsinnig und falsch ist. Vermutlich geht man davon aus, dass die Bezeichnungen Algin und Calcit für Laienköche nicht so sehr nach Chemie und unnatürlichen Substanzen klingen, wie es bei Natriumalginat und Calciumchlorid (das auch noch das üble «Chlor» enthält) der Fall ist.

Calcit ist ein Mineral und besteht aus Calciumcarbonat ($CaCO_3$). Algin bezeichnet die wasserunlösliche Alginsäure, ein Polysaccharid, also ein Vielfachzucker, an dem in regelmäßigen Abständen noch Carbonsäuregruppen (-COOH) hängen. Die Alginsäure bildet lange Zickzackketten mit einem gigantischen Molekulargewicht von 50 000 bis 180 000 Gramm pro Mol. Gewonnen wird Alginsäure aus den Zellwänden der Braunalgen, die in großen Mengen vom Meeresboden abgeerntet und anschließend chemisch aufbereitet werden. Diese grünbraunen Pflanzen, die man nach starken Stürmen auch am Strand finden kann, fühlen sich gelartig und glibberig an. Nur die Metallsalze der Alginsäure, die sogenannten Alginate (Natriumalginat wird als E 401, Kaliumalginat als E 402 bezeichnet), sind wasserlöslich und für die molekulare Kochkunst zu gebrauchen.

In der Lebensmittelindustrie sind Alginate alte Bekannte und werden als Gelier-, Überzugs- und Verdickungsmittel – auch in Bioprodukten – eingesetzt, beispielsweise in Aspik (Sülze), Desserts, Gelees, Marmeladen, Puddingpulver und Speiseeis. Sie werden vom Körper nicht aufgenommen und gelten als unbedenklich. In Wasser aufgelöstes Natriumalginat führt ab einer Konzentration von etwa 10 Prozent zu einer zähflüssigen, gelartigen Masse, ähnlich, wie man es von Gelatine kennt. Die langen Molekülketten lagern sich zusammen, binden das Wasser und quellen dadurch auf. Auch Xanthan (E 415) ist ein natürliches Verdickungsmittel, das aus Bakterien gewonnen und hauptsächlich in Soßen, Ketchup, Mayonnaise, Senf und Dressings eingesetzt wird, aber auch in Zahnpasta, Shampoos und Flüssigseifen zu finden ist. Wie die meisten Verdickungsmittel besteht es aus einem verzweigten Polyzucker mit angebundenen Carbonsäuregruppen (-COOH). An den freien Hydroxylgruppen (-OH) der Zuckermoleküle und an den Carbonsäuregruppen (-COOH) können sich Wassermoleküle über sogenannte Wasserstoffbrückenbindungen bestens anlagern und relativ fest binden. Das Wasser wird förmlich aufgesogen, was zu einer Volumenvergrößerung und somit zum Aufquellen des Verdickungsmittels führt.

Der Begriff Molekularküche wird übrigens von den Protagonisten dieser Kochkunst gar nicht so gern verwendet. Aus der Sicht eines Chemikers ist er ohnehin unsinnig, denn das Kochen und Zubereiten von Nahrungsmitteln – ob «molekular» oder traditionell – ist nichts anderes als eine Durchführung von chemischen Reaktionen. Sie lassen Moleküle miteinander reagieren und verändern physikalische Zustände, wie Temperatur, Dichte und Konsistenz.

Insbesondere auf Kongressen, Tagungen oder Messen sind

Lebensmittelzusatzstoffe werden eingesetzt, um Struktur, Farbe, Geschmack und Haltbarkeit eines Lebensmittels zu regulieren. Alle Zusatzstoffe innerhalb der EU sind geprüft und zugelassen und werden mit einer dreistelligen E-Nummer gekennzeichnet. So gibt es beispielsweise über 45 verschiedene Lebensmittelfarbstoffe, deren Kennzeichnung stets mit 1 beginnt wie z. B. E 104 für Chinolingelb. Die über 35 unterschiedlichen Geschmacksverstärker beginnen mit 6 wie z. B. E 621 für Natriumglutamat, und die knapp 25 Antioxidantien (Radikalfänger, die die Oxidation mit Luftsauerstoff verhindern) beginnen mit 3, wie z. B. E 300 für Ascorbinsäure (Vitamin C). Die Zahlen für die rund 25 zugelassenen Gelier- und Verdickungsmittel fangen mit 4 an.

Das umfangreichste und ambitionierteste Kochbuch zum weitgefassten Thema Molekularküche und modernistische Kochverfahren erschien 2011 unter dem Titel «Modernist Cuisine». Geschrieben wurde es von dem amerikanischen Erfindergenie (mit 14 Abitur!) und Multimillionär Nathan Myhrvold. Der Band wiegt 20 Kilogramm, fasst 2500 Seiten, enthält 1500 Rezepte, 3000 Fotos und kostet rund 480 Euro.

Nebenbei entwickelte Myhrvold auch Laserzäune gegen Malariamücken und atomare Kleinreaktoren fürs Eigenheim. Sein Erfinderteam aus 650 Mitarbeitern reicht jedes Jahr rund 450 Erfindungen zur Patentanmeldung ein. (Quelle: Süddeutsche Zeitung, 11. März 2011)

die Künste der Molekularköche immer wieder live zu erleben. Immer häufiger stehen dort an langen, weiß eingedeckten Theken selbsternannte Molekularköche, um den Tagungsteilnehmern außergewöhnliche Drinks und Cocktails anzubieten und mit ihren spektakulären Fingerfoods und Snacks größtmögliches Erstaunen zu erzeugen. Dabei geht es mehr um die Kunst der Darbietung und der außergewöhnlichen Zubereitung als um das Angebot echten und sättigenden lukullischen Genusses – weshalb wohl daneben immer auch der traditionelle Kaffee mit Gebäck gereicht wird. Die Molekularküche ist hauptsächlich eine neue Art der Essensverpackung und -präsentation, mit der Strukturen und Aussehen von Nahrungsmitteln nach wissenschaftlichen Erkenntnissen so verändert werden, dass völlig neue Essensvariationen entstehen.

«Kochen» mit Weltraumkälte

Mit dem Molekulargekoche ist auch die (physikalische) Anwendung von extremer Tieftemperatur in Mode gekommen. Flüssiger Stickstoff heißt hier das Zauberelixier, das unvorstellbar kalt, um nicht zu sagen saukalt ist: minus 196 °C. Man kann hier, ohne zu übertreiben, von einer dramatischen Kälte reden. Jedes Lebensmittel, das Wasser enthält, kann einem Gefrierschock ausgesetzt werden: Früchte werden wie Glas, Suppen und Soßen gefrieren zu einem Eismatsch, Blüten und Blätter dampfen nebelartig, Frucht- und Gemüseschäume erstarren zu höhlenartigen Schwammstrukturen. Nimmt man solch ein tiefstgekühltes Stück Schaum vorsichtig (sehr vorsichtig!) in den Mund und atmet durch die Nase aus, mutiert man kurzfristig zum Drachen («Dragon-Snack», siehe Rezept S. 98). Die Kälte der Speise im Mund lässt die Feuchtigkeit in unserem Atem zu Nebel kondensieren, der als weißer Dampf durch die Nasenlöcher strömt. Sieht wunderbar aus! Eine mit flüssigem Stickstoff eisgekühlte Suppe erwärmt sich im Laufe des Auslöffelns wieder auf Raumtemperatur, weil der flüssige Stickstoff rasch verdampft und somit der Kühleffekt nachlässt. Dies ist das ganze Geheimnis von Ferran Adriàs Suppe, die beim Essen ihre Temperatur ändert.

Für einen Chemiker sind Experimente mit flüssigem Stickstoff nichts Neues, aber der Otto Normalverbraucher ist von den Tiefstkühlkreationen meist beeindruckt. Die Molekularküche auf Tiefstkühlbasis ist tatsächlich mehr eine Kunst als eine Zubereitungsmethode. Nicht mehr, aber auch nicht weniger. Die Nachteile von flüssigem Stickstoff sind, dass er sehr teuer ist (ca. 4 Euro pro Liter), wegen seiner Kälte als Gefahrgut eingestuft wird, nur in größeren Mengen käuflich ist, nicht an Privatpersonen abgegeben wird und geeignete Gefäße für die Lagerung bereitstehen müssen. Solche «Kryo»- oder «Dewar»-Gefäße sind eine Art bessere Thermoskannen, evakuiert und teilweise verspiegelt. Dies verhindert den Wärmefluss von außen nach innen. In der naturwissenschaftlichen Forschung wird flüssiger Stickstoff zum Einfrieren von biologischem Material wie Blut, Eizellen, Sperma, Enzymen, Bakterien und Viren verwendet. In der Physik wird er vor allem eingesetzt für die Supraleitung (widerstandslose Stromleitung, Magnetresonanztomographie [MRT]-Geräte) und in Hochleistungspumpen («Kryo-Pumpen»).

Rezepte aus der schönen neuen Küchenwelt

1. Melonen- oder Gurkenkaviar

Für den künstlichen «Kaviar», also mit Inhalt gefüllte, gläsern aussehende Kügelchen, benötigt man eine ca. 1- bis 2-prozentige Natriumalginat-Lösung (bei dieser Konzentration noch nicht dickflüssig) sowie eine etwa 1- bis 2-prozentige Calciumchlorid-Lösung (in Wasser aufgelöstes Calciumchlorid bildet freie, zweifach positiv geladene Calcium-Ionen (Ca^{2+}) und freie, negative Chlorid-Ionen (Cl^-)). Man kann auch das völlig unbedenkliche Calciumlactat (Calciumsalz der Milchsäure) verwenden, da Calciumchlorid wegen des Chlors leicht reizend wirkt.

Praktischerweise löst man mit einem Zauberstab (Pürierstab) etwa 1,5 Gramm Natriumalginat in 250 Milliliter Früchte- oder Gemüsesaft sowie ca. 3 Gramm Calciumchlorid / -lactat in 500 Milliliter Wasser. Würde man die Calciumlösung mit der Alginatlösung vereinigen, entstünde schlagartig ein Gel. Um nicht eine einzige Gelpampe zu erhalten, sondern die gewünschten Kügelchen zu kreieren, muss man die Natriumalginatlösung mit Hilfe einer Spritze in die Calciumlösung tropfen lassen. Die Calcium-Ionen lagern sich dabei in die Zickzack-Struktur der Alginsäure ein und werden durch die Säuregruppen (-COOH) fest gebunden. Die Calciumatome stecken wie Eier in einer Eierschachtel in der Alginatstruktur. Die Bildung der Gelschicht beruht darauf, dass sich beim Eintauchen des Tropfens augenblicklich eine «Gelhaut» bildet, die sich aus Stabilitätsgründen zur Kugel formt und die dabei noch flüssige Alginat-Lösung umschließt – wie die Seifenhaut einer Seifenblase, die niemals Vierecke oder Dreiecke ausbilden würde, sondern immer nur Kugeln, weil eine Kugel die physikalisch stabilste Form in der Natur ist. Von allen Seiten wirkt der äußere Druck gleichmäßig auf das dreidimensionale Gebilde und zwingt es in die Kugelgestalt. Je nachdem, welchen Saft man mit Alginat versetzt und daraus Gel-Kügelchen herstellt, erhält man «Kaviar» mit Melonen-, Gurken- oder Orangengeschmack. Da Alginatgel durchsichtig (chemisch: farblos) ist, scheint die Farbe des jeweiligen Saftes durch die Kugeloberfläche durch – ähnlich dem orangerötlichen Lachsrogen (Lachs-Kaviar).

2. Holunderbeeren-Espuma

Als Espuma bezeichnet man den mit einem Verdickungsmittel (Gelatine, Guarkernmehl, Natriumalginat oder Xanthan) und unter Zugabe von Sahne aufgeschäumten Saft von Früchten wie z. B. Holunderbeeren, Johannisbeeren. Espuma wurde von Ferran Adrià entwickelt, ist spanisch und heißt übersetzt «Schaum».

Eine Mischung aus 100 Milliliter Beerensaft, einem halben Becher Sahne und zwei Blatt eingeweichter Gelatine werden – gründlich und klumpenfrei verrührt – in eine Sahne-Spritzflasche (Sahnesiphon) mit Kohlendioxid- oder Lachgas-Patronenvorrichtung gefüllt. Dann muss man den Inhalt von drei Gaspatronen in die Spritzflasche eindrücken und die gefüllte Spritzflasche über Nacht im Kühlschrank kühlen lassen. Anschließend gut schütteln, und los geht's. Der Schaum wird in

Dessertgläser gespritzt, in die man vorher noch eine kleine Menge des entsprechenden Beerensaftes oder der Beerenfrüchte füllt.

3. Beeren-Espuma als «Dragon-Snack» – nur für Profis!

Wenn man den Espuma löffelweise in superkalten flüssigen Stickstoff taucht, gefriert dieser unter geheimnisvollem Dampfen zu einer Art Holunder-Eisberg. Nach einer halben Minute kann man den erstarrten Schaum herausholen und dem Gast als «Dragon-Snack» präsentieren. Im warmen Mund verliert der Eisschaum schnell seine extreme Kälte und zerfließt von ganz kalt über kühl bis hin zu warm zu Beerensoße. Dabei kondensiert anfangs die Luftfeuchtigkeit des Atems zu Nebel, den man gekonnt und effektvoll durch die Nasenlöcher ausströmen lassen kann.

In allen Kochbüchern –
Hitze lässt nichts, wie es ist

Wenn Sie in der Küche brutzeln, kochen, dünsten, anbraten, garen oder backen, bearbeiten Sie immer irgendwelche Moleküle. Das Erhitzen von Lebensmitteln führt zu dramatischen Veränderungen. So wird Teig unter Einwirkung von Hitze zu Brot oder Kuchen, verlieren die Oberflächenmoleküle beim Toastbrot durch die Gluthitze Wasser und verkokeln allmählich – wenn man nicht aufpasst – von goldbraun zum rabenschwarzen Kohlenstoff, auch Asche genannt. Kartoffeln verwandeln sich zu leckeren Pommes frites, Fleisch wird zum verdaulichen Schnitzel.

Zum Braten von Fleisch, Fisch oder Gemüse benutzt man Öl oder Bratfett, weil beides über 200 °C heiß werden kann und dabei flüssig bleibt, ohne zu verdampfen. Das flüssige Fett überträgt die Hitze von der Pfanne auf das Fleisch. Dagegen fehlt beim Grillen das Fett, weshalb das Grillfleisch auch so leicht verbrennt und verkohlt, wenn man nicht achtgibt. Dafür wird das «Grillgut» aber meistens knuspriger, brauner und aromatischer. Allein der Geruch von weit her aus der Nachbarschaft lässt einem im Sommer das Wasser im Mund zusammenlaufen.

Doch was passiert genau mit dem Fleisch, wenn man es anbrät oder garen lässt, oder mit dem Frühstücksei, wenn es im heißen Wasser kocht oder in der Pfanne brutzelt? Eier, Fleisch und Fisch enthalten besonders viel Eiweiß, die sogenannten Proteine. Am Beispiel eines Spiegeleis kann man sehr gut verdeutlichen, was passiert: Das Eiklar besteht fast nur aus Eiweiß. Eiklar ist flüssig, klebrig, durchsichtig. Erhitztes (gekochtes oder gebratenes) Eiklar ist fest, undurchsichtig und weiß, und es klebt nicht. Die große Hitze bewirkt eine Strukturänderung der Eiweißbausteine. Es geschieht eine Strukturumwandlung, ja eine Strukturzerstörung des Eiweißes, das dadurch völlig neue Eigenschaften erhält. Der Chemiker nennt diesen Vorgang «Denaturierung», die im Fall des Frühstückseis sogar irreversibel ist, weil sie den ursprünglichen Molekülaufbau unmöglich macht. Den Prozess kann man sich in etwa vorstellen wie das Zerschlagen einer Autoscheibe. Die Hammerschläge stehen für das Erhitzen des Eis, und wie dieses dessen Struktur zerstört, verändern sie die Struktur der Scheibe: Sie zerreißt in Tausende kleine Stückchen, wird undurchsichtig, ist keine Glasscheibe mehr und kann auch keine mehr werden.

Eiweiß = große, langkettige, kugel- oder fadenförmige Strukturen aus Aminosäure-Bausteinen.

Aminosäuren = Bausteine der Eiweiße (Proteine). Es gibt 20 natürlich vorkommende Aminosäuren. Sie sind die Bauelemente von Zehntausenden von Proteinen in allen Lebewesen, im Menschen, in Tieren, in Pflanzen, in Bakterien.

Ei enthält etwa 6 % Eiweiß, Fleisch etwa 20 %, Fisch etwa 7 %, Käse etwa 2 %, Obst und Gemüse enthalten praktisch kein Eiweiß.

Die Maillard-Reaktion

Louis Camille Maillard (1878–1936), ein bedeutender französischer Chemiker und Physiker, hat sich vor allem durch seine Studien zur Reaktion von Aminosäuren und Zuckern einen Namen gemacht. Bereits im Jahr 1912 fand er heraus, dass Traubenzucker (Glucose) mit Eiweißstoffen (Proteinen) bzw. den darin enthaltenen Aminosäuren beim Erhitzen ab etwa 150 °C chemisch reagiert. Dabei bilden sich Wasser und viele neue Substanzen, wie z. B. duftende Aromastoffe und – als sichtbares Ergebnis – goldbraune Farbstoffe, die sogenannten Melanoidine. Die nach ihm benannte Maillard-Reaktion läuft immer dann ab, wenn gebraten, geröstet oder gebacken wird. Fast alle Lebensmittel, z. B. Fleisch, Fisch, Würstchen, Kartoffeln, Zwiebeln, Brot, Kuchen, Kakaobohnen, enthalten Stärke bzw. Glucose und Eiweißstoffe bzw. Aminosäuren in Hülle und Fülle. Kein Wunder also, dass sich unter Wärmezufuhr Hunderte Reaktionsprodukte bilden, die dann u. a. die verschiedenen Gerüche hervorrufen. Stärke ist ein Kohlenhydrat, das wie eine lange Kette aus Glucosebausteinen aufgebaut ist. Bei großer Hitze zerfällt die Kette in einzelne Glucosemoleküle. Eiweißstoffe sind Proteine, die wie eine lange Kette aus Aminosäuren aufgebaut sind. Auch hier zerfällt der Eiweißstoff bei großer Hitze, und zwar in einzelne Aminosäuren.

Beim Kochen von Lebensmitteln wie Nudeln, Reis, Kartoffeln, Gemüse beträgt die Temperatur höchstens 100 °C. Heißer geht es nicht. Die Maillard-Reaktion setzt aber erst bei ca. 120 bis 150 °C ein. Daher bilden gekochte Speisen keine braunen, knusprigen Krusten, weniger intensive Duftstoffe und sind geschmacklich eher fade.

Wann und wodurch es nach «Küche», nach Brot, nach Kuchen oder nach Frikadellen riecht, können Sie im Experiment selber ausprobieren.

EXPERIMENT: DUFTE KÜCHENGERÜCHE

Sie brauchen:
Traubenzucker
L-Prolin (Aminosäure, Apotheke, 10 g ca. 8 Euro)
L-Cystein (Aminosäure, Apotheke, 25 g ca. 14 Euro)
Gluten / Weizenkleber (Apotheke, 500 g ca. 5 Euro)
1 alter Esslöffel aus Metall
2 Teelöffel
1 kleine Gabel aus Metall (Kuchengabel)
Becher, Tasse oder Schale
Feuerzeug
Kerze / Teelicht
Küchenpapiertücher

> Gluten ist ein Bestandteil des Weizeneiweißes.

Durchführung: Mischen Sie in einer Schale 2 TL Traubenzu-cker mit 1 TL Gluten. Geben Sie etwa einen halben TL des Ge-misches auf einen alten EL und halten Sie ihn über eine bren-nende Kerze. Rühren Sie die heiß werdende Mischung mit einer Kuchengabel vorsichtig um, bis sie gelb-bräunlich wird. Achtung: Es zischt, und es entstehen Blasen – ein Hinweis auf Gasbildung! Aus der Mischung bilden sich braun-goldgelbe Klümpchen. Riechen Sie daran! Vorsicht, nicht die Nase am heißen Löffel verbrennen! Legen Sie den Löffel auf eine un-empfindliche Unterlage und verlassen Sie die Küche für eine Weile. Beim erneuten Betreten der Küche werden Sie die ausströmenden Düfte viel intensiver riechen, weil Ihre Nase wieder «frei» und mit «neutraler» Luft durchgespült wurde. Wonach riecht wohl eine Gluten-Traubenzucker-Mischung? Sie duftet intensiv nach Toastbrot und frischem Brot – sehr angenehmer Geruch. Und wonach wird eine im selben Men-genverhältnis hergestellte Cystein-Traubenzucker-Mischung riechen? Richtig! Nach gebratenem Fleisch. Aber wehe, wenn die Mischung zu heiß wird, dann stinkt es furchtbar nach verbrannten Zwiebeln. Eine (1 TL-)Prolin-(2 TL-)Traubenzucker-Mischung schließlich verströmt das Aroma von Kuchen und Brot. Sehr lecker!

Mein Tipp: Wenn Sie den Löffel mit der erhitzten Duftmischung mit Wasser abspülen, was Sie bedenkenlos tun können, bleibt eine braune Kruste am Löffel zurück. Trocknen Sie den Löffel mit einem Küchenpapiertuch und riechen Sie nun erneut an der Löffelkruste. Die Aromastoffe sind noch immer vorhanden. Nur ist der Löffel leider nicht mehr zu gebrauchen (sorry!), da die braune Masse oben und der schwarze Rußbelag unten nur schwer zu entfernen sind. Vorsicht! Die schwarze Rußschicht an der Löffelunterseite, die durch das verbrannte Kerzenwachs entsteht, färbt sehr intensiv Kleidung, Finger, Küchenmöbel usw.

Hitze ist und bleibt also eine der besten Methoden, um Nahrungsmittel zu garen, genießbar und verdaulich zu machen und um für guten Geschmack zu sorgen. Das Erhitzen bricht bei Gemüse die Zellwände auf, sodass wir die Inhaltsstoffe, wie beispielsweise die Stärke aus Kartoffeln oder Reis, schneller und besser aufnehmen können. Pflanzenzellwände bestehen aus Cellulose, die unser Körper nicht verdauen kann, da ihm das entsprechende «Auflösungsenzym», die *Cellulase*, fehlt. Wir sprechen dann von Ballaststoffen. Kühe beispielsweise verfügen in ihrem Magen über zahlreiche Bakterien, die *Cellulase* produzieren. Daher können Wiederkäuer Pflanzen verdauen. Beim Braten von Fleisch oder Fisch werden die Proteine zerstört und aus ihrem Verbund gelockert und somit für den enzymatischen Abbau im Magen-Darm-Trakt «zugänglicher» gemacht. Bei Fleisch wird noch zusätzlich das zäh-elastische Bindegewebe-Protein

Kollagen weitgehend aufgebrochen und in zart-lockere Gelatine umgewandelt. Dieser Vorgang macht das Steak schön zart.

Selbstverständlich können Sie auch rohes Fleisch wie Tatar und auch rohen Fisch oder eingelegten Hering verzehren. Nur wird die Verdauung dann länger dauern und das Verzehrte schwerer im Magen liegen. Schon für ein gebratenes Durchschnitts-Steak benötigt unser Magen vier bis fünf Stunden Verdauungszeit. Ähnlich verhält es sich bei Brotteig. Ungebacken hätte unser Magen ganz schön damit zu tun. Das Backen tötet Bakterien und Hefen ab, zersetzt die großen Stärkemoleküle und die Proteine in kleine «lockere» Bestandteile, und die Gase (CO_2, H_2O) machen das Brot innen schön weich und schwammig. Die Maillard-Reaktion sorgt für eine erfreuliche Kruste und herrliche Aromastoffe.

Fast jedes «Pfannengut» – sei es Schnitzel, Fisch(-stäbchen) oder tiefgefrorenes Fleisch – hat auf seiner Oberfläche eine Wasserschicht bzw. Eiskristalle. Wasser verdampft bei 100 °C, das heiße Fett in Ihrer Pfanne hat eine doppelt so hohe Temperatur. Legen Sie Ihr Fleisch oder Ihren Fisch in das 200 °C heiße Fett, verdampft das Wasser schlagartig zu Wasserdampf, bei einer Volumenzunahme des Dampfes um den unglaublichen Faktor von 1700! Der plötzlich entstehende Wasserdampf lässt das flüssige Fett wegspritzen. Auf der Haut gelandet, tut das ganz schön weh – doppelt so großer Schmerz wie bei kochendem Wasser auf der Haut, was schon schmerzhaft genug ist.

Kochen in der Mikrowelle

Wenn es in der Küche mal schnell gehen muss und für ein aufwendiges Essen einfach Zeit und Nerven fehlen, dann bedient man sich gerne der Mikrowelle.

Eine Mikrowelle ist ein Gerät, das wie ein Radio unsichtbare, elektromagnetische Wellen ausstrahlt. Allerdings sind Radiowellen meterlang, wohingegen Mikrowellen – wie der Name schon sagt – nur einige Zentimeter betragen. «Mikro» ist griechisch und bedeutet «kurz».

Mikrowellen können nur Speisen, die Wasser enthalten, erwärmen. Wie aber funktioniert das? Um das zu erklären, vergleiche ich Mikrowellen gerne mit einem Springseil. Stellen Sie sich also vor, Sie legen eine gekochte Nudel in eine Mikrowelle und stellen das Gerät an. In dem Moment kommen von allen Seiten die Mikrowellen angeflogen, entsendet aus dem sogenannten Magnetron, das sich rechts oben im Gehäuse befindet, und reflektiert durch das innere Metallgehäuse. Die Kurzwellen strömen durch die Nudel hindurch bis zum Wasser. Bei jeder ankommenden Welle muss jedes Wasserteilchen in der Nudel gewissermaßen hoch- und über die Welle hüpfen. Da eine Welle nach der anderen durch die Nudel dringt, «hüpfen» die Wasserteilchen ständig «hoch und runter». Durch diese Bewegung entsteht Wärme, die wiederum die Nudel aufheizt. Je länger, desto wärmer – eben wie beim Seilspringen: Je länger und schneller man springt, desto stärker schwitzt man, desto stärker erwärmt man sich.

Wenn man Fleisch oder Kartoffeln in der Mikrowelle heiß macht, riecht es nach nichts. Wenn man Fleisch oder Bratkartoffeln in der Pfanne heiß macht, riecht es aromatisch. Warum? Weil die Mikrowelle nur das Wasser im Fleisch zum Schwingen bringt und dadurch auf maximal 100 °C erwärmt, damit also weit unterhalb der Temperaturen bleibt, die für die Maillard-Reaktion nötig sind.

Verblüffende Experimente in der Mikrowelle

Mit einer ganz normalen Mikrowelle kann man herrliche Experimente durchführen, durch die man einiges über Mikrowellen und Materialeigenschaften von Nahrungsmitteln erfahren kann. Wenn Sie Experimente mit Lebensmitteln oder Wasser durchführen, können Sie bedenkenlos Ihre Mikrowelle in der Küche verwenden. Bei dem Versuch mit der Wunderkerze sollten Sie aus hygienischen und gesundheitlichen Gründen eine Mikrowelle einsetzen, in die Sie nach Abschluss der Experimente besser keine Lebensmittel mehr hineinstellen.

....

EXPERIMENT: SCHOKOSCHMELZE

Sie brauchen:
2 Schokohasen oder Schokoweihnachtsmänner oder
   Überraschungseier
2 kleine Teller bzw. Eierbecher aus Kunststoff

Durchführung: Legen Sie jeweils einen Schokohasen oder Schokoweihnachtsmann einmal vollständig ausgepackt und einmal mit der Folie ummantelt zusammen auf einem Teller in die Mikrowelle. Falls gerade keine Oster- oder Weihnachtszeit ist, können Sie auch zwei Überraschungseier in Eierbechern verwenden. Sie können die Überraschung bedenkenlos im gelben Kunststoffei belassen. Kunststoff reagiert ja nicht mit Mikrowellen. Lassen Sie die Mikrowellen auf Maximum tanzen (600 bis 800 Watt für eine Minute). Ergebnis: Die ausgepackte Schokolade ist butterweich geworden und geschmolzen. Vorsicht: Sie ist sehr heiß! Nicht mit bloßen Händen anfassen! Die in Folie eingewickelte Schokolade ist unversehrt, fest und kalt.

Erklärung: Auch Fett kann mit Mikrowellen wechselwirken. Die Mikrowellen dringen in die Schokolade ein, und schon beginnt das Fett, mit den Wellen Seilchen zu springen. Die Fettmoleküle erwärmen sich, werden kochend heiß und bringen die Kakaobutter zum Schmelzen. Der Osterhase schmilzt, zerläuft und fällt in sich zusammen. Dem Weihnachtsmann bzw. dem Überraschungsei ergeht es natürlich genauso.

Die in der Folie verbliebenen Schokofiguren hatten einen Schutzpatron: Metall! Metall schirmt alle Mikrowellen ab. Die Wellen werden von Metall einfach reflektiert und komplett zurückgeworfen, können folglich also nicht in die Schokolade eindringen. Selbst solch eine hauchdünne Metallfolie, wie sie bei Schokoladentafeln oder -figuren verwendet wird, bietet einen hundertprozentigen Schutz. Aus diesem Grund sind auch alle Mikrowellenherde innen komplett aus Metall gearbeitet. Und im Türfenster ist ein Metalldrahtgeflecht ins Glas eingebettet, das dafür sorgt, dass bei Betrieb keinerlei Mikrowellen nach draußen gelangen können. Absolut sicher. Die Mikrowelle geht auch erst in Betrieb, wenn die Tür richtig zu ist.

Dicke der Alufolie / Metallfolie Schokofiguren: 0,004 – 0,02 mm

Dicke der Metallschicht auf CDs / DVDs und Christbaumkugeln: < 0,001 mm (liegt im Nanometer-Bereich)

Dicke von Blattgold: ca. 0,1 Mikrometer (100 Nanometer) – so dünn wie 100 bis 1000 übereinandergestapelte Gold-Atomschichten (jede Atomschicht ist so dick wie der Atomdurchmesser)

Eindringtiefe der Mikrowellen in Metall beträgt etwa 1 Mikrometer.

EXPERIMENT: WASSERBALLON

Sie brauchen:
1 Luftballon
1 Trichter
1 Esslöffel
Wasser
Backofenhandschuhe

Durchführung: Füllen Sie 1 EL Wasser mit Hilfe eines Trichters in einen Luftballon. Knoten Sie den Ballon zu und legen Sie ihn in die Mikrowelle. Stellen Sie die Mikrowelle auf Maximum und beobachten Sie, was passiert. Nach etwa 30 Sekunden beginnt sich der Ballon aufzublähen. Achtung! Schalten Sie das Gerät nach ein paar weiteren Sekunden ab, damit der Luftballon nicht platzt und sich das Wasser nicht in der Mikrowelle verteilen kann. Schützen Sie Ihre Hände mit Backofenhandschuhen, öffnen Sie die Tür und holen Sie den aufgeblähten Ballon heraus. Vorsicht! Der Ballon ist kochend heiß! Legen Sie ihn auf eine hitzebeständige Unterlage (Spülbecken, Glasbrett). Nach kurzer Zeit schrumpelt der Luftballon wieder in sich zusammen.

Erklärung: Die Mikrowellen lassen die Wassermoleküle auf und ab springen und bringen sie somit zum Kochen. Der entstehende Wasserdampf bläht den Ballon kontinuierlich auf. Beim Übergang vom flüssigen Wasser zu gasförmigem Wasserdampf vergrößert sich das Volumen des Wassers um das sage und schreibe rund 1700fache.

EXPERIMENT: SCHOKOKUSS-BLÄHUNGEN

Sie brauchen:
1 Schokokuss
1 Teller

Durchführung: Geben Sie den Schokokuss auf einem Teller in die Mikrowelle und stellen Sie das Gerät auf mittlere Stärke. Schon nach kurzer Zeit bläht sich der Eiweißkloß um das Vielfache seines Volumens auf. Er sieht beinahe aus wie der berühmte Marshmallow Man aus «Ghostbusters», der Science-Fiction-Komödie aus dem Jahr 1984.

Erklärung: Auch im Eiweiß-Schnee ist genügend Wasser enthalten, das durch die Mikrowellen angeregt und heiß wird. Der resultierende Wasserdampf treibt den Kloß in alle Richtungen auseinander.

EXPERIMENT: EI-EXPLOSION

Sie brauchen:
1 hartgekochtes Ei
1 Teller
1 verschließbare Kunststoffdose

Durchführung: Pellen Sie die Eierschale vom gekochten Ei ab und legen Sie das Ei auf einem Teller in die Mikrowelle. Wenn Sie nach dem Experiment Ihr Gerät nicht stundenlang putzen wollen, dann sollten Sie das gepellte Ei unbedingt in eine mikrowellengeeignete Kunststoffdose mit geschlossenem Deckel legen. Stellen Sie die Mikrowelle auf Maximum. Sie können nach einiger Zeit beobachten, wie das Ei schlagartig explodiert.

Erklärung: Durch die Erhitzung des Wassers im Inneren des Eis baut sich ein stetig wachsender Wasserdampfdruck auf. Die gummiartige, weiße Eiweißschicht hält diesem Druck – ähnlich wie ein aufgeblasener Luftballon – eine Zeitlang stand, bis der Druck zu groß wird. Bei Überschreiten eines kritischen Punktes platzt das Ei plötzlich wie ein zu stark aufgeblasener Luftballon. Hätte das gekochte Ei noch seine Kalkschale quasi als Schutzmantel um sich herum, würde es ebenfalls explodieren – es wäre nur eine Frage der Zeit.

Magic Andys Überraschung: Wenn man eine Wunderkerze auf einer feuerfesten Unterlage in die Mikrowelle legen und diese auf Maximum stellen würde, könnte man schon nach kurzer Zeit sehen, wie sich die Wunderkerze entzündet.

Bleiben Sie aber besser bei der bewährten Methode mit Feuerzeug oder Streichholz!

Die Wunderkerze enthält hauchfeines Eisenpulver, dessen Atome in der Mikrowelle anfangen, Seilchen zu springen, und dabei so heiß werden, dass sie sich entzünden. Das ist übrigens auch der Grund, warum man Porzellanteller mit Goldrand nicht in die Mikrowelle stecken soll. Der Goldrand ist meistens extrem dünnes Blattgold, das mit Mikrowellen herrlich hüpfen kann.

Schokolade – nicht nur eine göttliche Erfindung

Nachdem ich die Schokohasen und Schokoweihnachtsmänner bereits in der Mikrowelle zu Brei habe zerschmelzen lassen, ist es vielleicht nicht ganz uninteressant, einen Blick darauf zu werfen, wie Schokolade überhaupt hergestellt wird und aus welchen Zutaten sie besteht. Am Ende werde ich Ihnen ein einfaches Schokoladenrezept geben, das Sie selbst ausprobieren können.

Wichtigster Bestandteil von Schokolade ist der Kakao. Kakao wächst auf bis zu 15 Meter hohen Bäumen in Äquatornähe in Mittel- und Südamerika sowie in Westafrika. Die Gattung der Kakaobäume trägt den botanischen Namen «Theobroma» – übersetzt: Götterspeise. Wie würde dann wohl «Wackelpeter» im Lateinischen klingen? «Tremorpetri»? Schon die Ureinwohner dieses Gebietes – die Mayas und Azteken – kannten Kakaogetränke, eine schaumige Mischung aus Wasser, Kakao, Vanille oder Chilipfeffer, aber niemals mit Zucker. In der aztekischen Sprache heißt dieses Getränk *«Xocolatl»*, was so viel bedeutet wie «bitteres Wasser». Den Kakaobaum nannten die Azteken *«Cacahua-quchtl»*. Über 1000 Jahre hat es gedauert, bis aus *«Xocolatl»* unsere heutige leckere Schokoladentafel erschaffen wurde. Mit Christoph Kolumbus & Co – den spanischen (und portugiesischen) Eroberern – kam *«Xocolatl»* auch nach Europa.

Reiner Kakao schmeckt übrigens ziemlich bitter. Erst zusammen mit viel Zucker erhält man das leckere Kakao- bzw. Schokoladenpulver. Und so stellt man Schokolade her: In den honigmelonenförmigen, gelben bis roten Früchten des Kakaobaumes befinden sich etwa 40 weiß-grüne Kakaobohnen. Die Bohnen werden herausgelöst und – mit riesigen Bananenbaumblättern zugedeckt – in die pralle Sonne gelegt. Dabei geschieht etwas ganz Besonderes: der biochemische Vorgang einer natürlichen Gärung. Die in der Luft vorkommenden Hefepilze verwandeln den Traubenzucker in den Bohnen in Alkohol. Außerdem «marschieren» Bakterien in die Bohnen und produzieren Milchsäure. Aus dem Alkohol und der Milchsäure stellen weitere Bakterien Essigsäure her. Dieser Essig hat eine wichtige Aufgabe: Er zersetzt die Zellstrukturen in der Bohne, sodass sich weitere Duftstoffe bilden. Außerdem sorgt die Säure dafür, dass kleinere Eiweißbruchstücke entstehen, die beim späteren Rösten den einzigartigen Schokoladenduft hervorrufen.

Nach der mehrtägigen Vergärung werden die Bohnen bei 120 bis 150 °C geröstet, um erstens die stechend riechende Essigsäure zu entfernen, zweitens die säuerlich schmeckenden Gerbstoffe zu zerstören und drittens die Maillard-Reaktion in Gang zu setzen (siehe S. 100). Wie durch ein Wunder entstehen die typischen, nach Schokolade riechenden, verführerisch duftenden, dunkelbraunen Kakaobohnen. Die gerösteten, noch heißen Bohnen werden nun zu Pulver

Inhaltsstoffe einer Kakaobohne:

Kakaofett (Kakaobutter): 54 %

Eiweißstoffe: 11 %

Zellbruchstücke (Cellulose): 9 %

Stärke: 8 %

Gerbstoffe: 7 %

Wasser: 5 %

Organische Substanzen (Zucker, Theobromin, Koffein u. a.): 4 %

Mineralstoffe und Salze: 2 %

Schmelzpunkt Kakaobutter: 30 bis 38 °C

gemahlen. Dabei schmilzt das Fett in den Bohnen und verbindet sich mit Zellbruchstücken, mit Eiweiß- und Stärketeilchen zu einer braunen, cremigen Kakaomasse. Über die Hälfte der Bohnen besteht aus Kakaofett – Kakaobutter genannt. Die flüssige Kakaomasse wird nun unter hohem Druck ausgepresst. Ohne die bahnbrechende Erfindung der hydraulischen Kakaopresse anno 1828 durch den holländischen Chemiker Coenraad Johannes van Houten (1801–1887) wäre dies kaum möglich gewesen. Die goldgelbe Kakaobutter fließt heraus, das reine Kakaopulver bleibt übrig. Je nach Stärke der Presse spricht man von «stark entöltem» Kakao (enthält noch ca. 10 Prozent Fett) oder «schwach entöltem» Kakao (enthält noch ca. 20 Prozent Fett). Reines Kakaopulver kann man in jedem guten Supermarkt kaufen.

Mit reinem Kakaopulver können Sie sich einen echten aztekischen «*Xocolatl*» selber herstellen. Die Azteken und Mayas gaben zu ihrer Kakao-Wasser-Mischung keinen Zucker hinzu, sondern nur reine Vanille (das Mark von Vanilleschoten) und sogar noch superscharfes Chilipulver. «*Xocolatl*» war ein heiliges Getränk und durfte nur von Königen, Fürsten und Soldaten getrunken werden – meist aus goldenen Bechern. Für die Azteken und Mayas war übrigens der Schaum das Beste. Dazu wurde der Wasserkakao mehrmals aus großer Höhe in zwei Behältnisse hin- und hergeschüttet.

....

EXPERIMENT: XOCOLATL – ORIGINAL AZTEKEN-KAKAO-TRUNK, NUR FÜR MUTIGE!

Sie brauchen:
200 ml Wasser
3 EL echten Kakao (Supermarkt)
2 Päckchen Vanillezucker
1 EL gemahlenen schwarzen Pfeffer
Messbecher
Schneebesen
tiefe Kunststoffrührschüssel

Durchführung: Füllen Sie 200 ml Wasser in die Rührschüssel und geben Sie 3 EL Kakaopulver hinzu. Rühren Sie mit einem Schneebesen zwei Minuten lang schnell und kräftig um, bis sich Schaum bildet. Fügen Sie nun den Vanillezucker und den schwarzen Pfeffer hinzu, umrühren – fertig. «*Xocolatl*» schmeckt herb, streng und scharf. Für die meisten wohl ein ziemlich ungewohnter Geschmack. Oder wäre «*Xocolatl*» doch ein cooles Getränk für Ihre nächste Party?

....

Kakaopulver löst sich nicht in Wasser. Durch das Rühren wird der Kakao unter Schaumbildung im Wasser lediglich aufgeschwemmt und fein verteilt. Der Chemiker nennt solch ein Gemisch Suspension. Aber diese ewige Klümpchenbildung beim Kakao-Einrühren! Kennen Sie das? Egal, ob man zuerst das Wasser oder die Milch zum Kakaopulver gießt oder das Pulver in die Flüssigkeit einrührt – immer bilden sich lästige Klümpchen, die man mühselig mit dem Löffel am Glasrand zerdrückt und verrührt. Ich möchte Ihnen einen simplen Trick verraten, wie man Klümpchenbildung vermeiden kann.

....

EXPERIMENT: TRINK-KAKAO OHNE KLÜMPCHEN ANRÜHREN

Sie brauchen:
Kakao-Schokoladenpulver
Milch oder Wasser

Durchführung: Geben Sie 1 EL Kakao-Schokoladenpulver in das Glas. Fügen Sie nur 1 TL Milch hinzu und verrühren Sie den Kakao mit der Milch zu einem dickflüssigen braunen Brei. Diese dickflüssige, glatte Masse lässt sich nun leicht in viel Milch aufschwemmen. Ihr klumpenfreier Kakao ist fertig.

Erklärung: Milch besteht zu 90 Prozent aus Wasser. Kakaopulver enthält jede Menge Fett. Fett löst sich nicht in Wasser, auch nicht in Milch. Milch ist deshalb so weiß, weil sich das Milchfett in dem Milchwasser nicht löst, sondern sich nur ganz, ganz fein wie ein Nebel verteilt. Das Kakaopulver verbindet sich viel lieber mit Luft und bildet an die Oberfläche aufsteigende Klumpen. Zerdrückt man diese Klumpen, so entstehen zusammenhängende, trockene Pulverschichten auf der Milch. Rührt man dagegen viel Kakaopulver in wenig Milch oder Wasser kräftig um, dann wird das Pulver langsam, aber sicher von der Flüssigkeit zerteilt. Nicht die Milch bzw. das Wasser umschließt sofort das gesamte Pulver, sondern das Pulver umschließt die geringe Menge Milch bzw. Wasser. Durch das kräftige Rühren mit dem Löffel treten (Scher-)Kräfte auf, die die wenige Flüssigkeit zwischen und um die Kakaokörnchen zwängt und Klümpchen aufbrechen lässt: Ein zäher, glatter Brei entsteht. Dieser Brei enthält feinstverteilten Kakao, der sich nun in viel Milch oder Wasser bestens «auflösen» bzw. aufschwemmen lässt. Auf diese Weise rührt man übrigens auch Soßen und Puddings klumpenfrei an.

Ohne die Schweiz keine Schokolade

Dass aus bitterem Kakaopulver eine lecker schmeckende, auf der Zunge zergehende Tafel Schokolade wird, haben wir vor allem zwei Schweizer Chemikern zu verdanken: Henri Nestlé (1814–1890) und Rudolphe Lindt (1855–1909). Zur Herstellung von Schokolade wird das reine Kakaopulver mit Zucker, Kakaobutter oder anderem Fett zu einer flüssigen Masse vermischt. Mit Milchpulver entsteht Vollmilchschokolade, ohne Milchpulver bildet sich Bitterschokolade, und ohne Kakaopulver, aber mit Milchpulver kommt weiße Schokolade heraus. Der wichtige Schritt aber kommt jetzt: Die Schokoladenmasse wird zwischen Stahlwalzen tagelang ununterbrochen gedreht, gewendet, belüftet und erwärmt, was dazu führt, dass die winzigen Kakaobröckchen mit einem dünnen Fettfilm überzogen werden. Erst durch dieses Verfahren entsteht die superglatte, auf der Zunge zergehende, fein duftende Schokolade.

Weil sich Zucker in Fett nicht gut löst, wird der Schokoladenmasse noch ein «Verbindungsmittler» zugefügt. Der «Verbindungsmittler» – Emulgator genannt – umschließt die kleinen Zuckerkristalle und «verpackt» sie zu winzig kleinen Kügelchen.

Emulgatoren sind Moleküle, die wie Streichhölzer aufgebaut sind: Das Streichholzköpfchen lagert sich an den Zucker (oder an Wasser), das Hölzchen lagert sich an das Fett an. Es bilden sich Kügelchen, wobei alle Streichholzköpfchen nach innen in die Mitte der Kugel zeigen und alle Hölzchen nach außen weisen. Die mikroskopisch kleinen Emulgator-Zucker-Kügelchen vermischen sich sehr leicht mit der Kakaobutter.

An dieser Stelle möchte ich Ihnen ein einfaches, aber grundlegendes Rezept zur Schokoladenherstellung mit in Ihre Küche geben.

1847 gab es in England die ersten Tafeln Schokolade in Apotheken zu kaufen. 1879 kam in der Schweiz die erste Milchschokolade in die Läden und wurde zum Riesenerfolg.

Die Deutschen sind hinter den Österreichern und den Schweizern die größten Schokoladenfutterer: Im Jahr 2005 wurden 9,3 kg pro Kopf verbraucht. Das macht zwei Tafeln pro Woche.

Eine halbe Tafel Bitterschokolade enthält so viele Radikalfänger (Antioxidantien) wie 15 Gläser Orangensaft oder sechs Äpfel. Fazit: One chocolate a day keeps the doctor away!

EXPERIMENT: SCHOKOLADE SELBER HERSTELLEN

Sie brauchen:
125 g Kokosfett (Supermarkt)
100 g Puderzucker
50 g reinen Kakao (Supermarkt)
Lecithin (Apotheke, 250 g ca. 6 Euro)
1 Päckchen Vanillezucker

Durchführung: Stellen Sie einen Topf auf die Herdplatte und geben Sie das Kokosfett hinein. Lassen Sie das Fett unter ständigem Rühren bei geringer Wärme schmelzen. In das flüssige Fett rühren Sie 100 g Puderzucker nach und nach mit einem Teelöffel oder einer Gabel ein. Geben Sie 1 TL des Emulgators Lecithin in die Masse und rühren Sie gut um. Fügen Sie nun 1 TL Vanillezucker und 50 g reinen Kakao hinzu. Rühren Sie so lange, bis ein glatter Brei entsteht. Gießen Sie nun die flüssige Schokoladenmasse in kleine, flache Förmchen (z. B. Eiswürfelform, Kunststoffschalen, Kunststoffdeckel). Lassen Sie die Schokolade erkalten und stellen Sie sie anschließend für etwa 30 Minuten in den Kühlschrank. Danach können Sie Ihre «Schokoladentafeln» vorsichtig aus den Formen herausklopfen oder -biegen. Von Ihrer Schokolade werden Sie wahrscheinlich enttäuscht sein, denn sie ist weich wie Wachs, sieht stumpf und fleckig aus, glänzt nicht, ist nicht knackig und zergeht nicht auf der Zunge, sondern schmeckt «sandig» und grob. Besser kriegt man es mit Hausmitteln aber nicht hin. Warum das so ist, werde ich im Folgenden erläutern.

Warum verfärbt sich braune Schokolade weiß?

Kennen Sie das? Sie wickeln freudig-gierig das Papier einer Schokoladentafel ab, und die Schokolade ist nicht sattbraun, sondern weißlich. Oder Sie finden im Auto ein reichlich verformtes Stück Schokolade, das offensichtlich schon einmal geschmolzen war und wieder fest geworden ist. Aber es ist nicht nur krumm, sondern sieht auch weißlich, schuppig, stumpf, kurz: unansehnlich aus. Man könnte glatt meinen, es sei verschimmelt. Außerdem hat die Schokolade eine unangenehm weiche Konsistenz. Der Experte spricht auch von «Fettreif».

Einmal um Weihnachten herum fielen mir beim Aufräumen plötzlich noch ein paar vergessene Schokohasen in die Hände. Nach Entfernen der Alufolie glotzten mich unappetitliche Augen an. Ein Hase mit Schuppenflechte! Kann man den noch essen? Oder droht Durchfall oder gar eine Lebensmittelvergiftung?

Liebe Leser: Monatelang aufbewahrte Schokohasen oder bereits geschmolzene und wieder erstarrte Schokolade können Sie bedenkenlos futtern – wenn auch vielleicht nicht mit Hochgenuss, sondern eher nach dem Motto: Mund auf, Augen zu, rein damit! Der Geschmack ist in Ordnung, nur die Konsistenz ist dramatisch anders, nämlich weich und sandig. Allein ihre falsche Kristallform, die dieses ungewohnte Gefühl im Mund verursacht, macht diese ohne gesundheitliche Bedenken essbare Schokolade für die meisten von uns faktisch jedoch ungenießbar.

Kakaobutter – nach dem Kakaopulver der zweitwichtigste Bestandteil von Schokolade – ist ein Fett, das in sechs verschiedenen Kristallformen kristallisieren kann. Dabei lagern sich die einzelnen Fettmoleküle in unterschiedlicher Weise aneinander: gerade geordnet oder kreuz und quer durcheinander oder lo-

Faszinierende Schokolade: bei Zimmertemperatur fest, aber im Mund flüssig. Schokolade der Kristallform Nr. 5 schmilzt bei 33,8 °C.

Zusammensetzung verschiedener Schokoladensorten:

Vollmilchschokolade: 30 % Kakaopulver, 10 % Kakaobutter, 25 % Milchpulver, 35 % Zucker, Emulgator.

Halbbitterschokolade: 50 % Kakaopulver, 5 % Kakaobutter, 45 % Zucker, Emulgator.

Bitterschokolade: 60 % Kakaopulver, 5 % Kakaobutter, 35 % Zucker, Emulgator.

Weiße Schokolade: 30 % Kakaobutter, 25 % Milchpulver, 45 % Zucker, Emulgator.

cker verteilt mit Hohlräumen. Von sechs möglichen Kristallformen der Kakaobutter ist die energetisch stabilste Kristallform die Nr. 6. Dies bedeutet, dass bei jeder normalen Schokoladenherstellung immer Kristallform Nr. 6 entstehen würde. Unglücklicherweise zeigt aber nur Kristallform Nr. 5 die knackige Härte, den schönen Glanz und das angenehme Zergehen auf der Zunge. Wie schaffen es nun die Schokoladenhersteller, ihre Schokoladentafeln in die energiereichere, nicht so stabile, aber schönere Kristallform Nr. 5 zu bringen? Damit Schokolade ausschließlich in Form Nr. 5 kristallisiert, muss die Schokoladenmasse mehrmals erhitzt und abgekühlt werden. Dabei müssen die Temperaturen und die Dauer peinlich genau eingehalten werden. Ein Grad zu heiß oder zu kalt, und schon kommt «schlechte» Schokolade aus der Maschine. Nur ein Computer kann diesen komplizierten Temperaturverlauf regeln.

Auch bei Zimmertemperatur, also im festen Zustand, lagert sich die schöne Kristallform Nr. 5 in die hässliche Form Nr. 6 um. Das geht zwar ziemlich langsam, aber nach Monaten bis Jahren ist es passiert. Daher sollten Sie Schokolade immer im Kühlschrank aufbewahren! Die spontane Umwandlung des hässlichen Entleins in den schönen Schwan klappt aus energetischen Gründen leider nicht. Das Gleichgewicht zwischen den Fettmolekülen in der Kristallform Nr. 5 und denen in der Kristallform Nr. 6 liegt stark auf der rechten Seite, also in der Richtung zu Nr. 6, weil Nr. 6 die stabilere Form ist. Sie liegt quasi im Energietal. Um sich wieder in Form Nr. 5 umzulagern, müssten die Fettmoleküle einen hohen Energieberg überwinden. Diesen können sie aber ohne «fremde Hilfe» nicht bewältigen. Wäre ja auch zu schön, wenn die Schokolade von Ostern 2012 bis Weihnachten 2015 halten würde. Es ist aus chemischer Sicht also durchaus klug, Schokolade zeitnah zu verzehren, solange sie noch in der richtigen, glänzenden und knackigen Kristallform vorliegt – ohne den unappetitlichen Fettreif. Milchschokolade macht beim selbst ausprobierten Langzeittest übrigens eine bessere Figur als Bitterschokolade. Sie verändert sich nicht so schnell, weil die enthaltenen Milchfette die Umwandlung der Kristallform verlangsamen.

Küchen-Unsinn aus chemischer Sicht

Mir ist bewusst, dass ich mit meinem Versuch, den sogenannten natürlichen bzw. den Bio-Naturprodukten chemisch auf den Grund zu gehen, quasi ein Minenfeld betrete. Denn Glaube und Hoffnung scheinen bei den «Bio-Anhängern» eher mehr zu gelten als der wissenschaftliche Beweis. Jahrelang habe ich mir in den diversen Krabbelgruppen, die ich nach und nach mit meinen vier Kindern besucht habe, von einer ganzen Armada naturverbundener, ganzheitlich denkender Mütter naturwissenschaftlichen Blödsinn anhören müssen. Ich habe stets versucht, mein Chemiefähnchen trotz gewaltiger Naturstürme wacker hochzuhalten, aber meistens vergeblich, zumindest hinsichtlich der Wirkung. Also versuche ich auf diese Weise – auch wenn meine Aussagen den einen oder die andere ärgern werden –, die naturwissenschaftliche Sicht der Dinge darzustellen.

Was hat das Meersalz, was das Steinsalz nicht hat?

Der Gegenspieler des Zuckers ist das Salz: Auch wenn viele wahrscheinlich spontan eher dem Ersteren den Vorzug geben würden, brauchen wir Salz zum Leben. Außerdem bereichert es unsere Küche – nicht umsonst wird im positiven Sinne vom «Salz in der Suppe» gesprochen. Heutzutage ist in der anspruchsvollen modernen Küche «gutes Salz» en vogue, Dutzende unterschiedlicher Meersalze kommen zum Einsatz. Hier eine kleine Kostprobe: «Aguni-Salz», «Pyramidensalz», «Wikinger-Salz», «Hawaii-Salz», «Fleur de Sel», um nur ein paar zu nennen.

Als Grund für diese Präferenz wird angegeben, dass echtes, natürliches Meersalz angeblich «milder», «weicher» und «weniger salzig» schmecke und außerdem um Längen bekömmlicher und gesünder sei als das durch und durch unnatürliche Natriumchlorid (NaCl). Haushaltssalz sei zu 100 Prozent Natriumchlorid, also reine Chemie, dagegen enthalte Meersalz nur wenig oder gar kein Natriumchlorid, sondern vor allem natürliche Mineralsalze. Wer mag da noch diskutieren?

Unser weißes Haushaltssalz, sogenanntes Steinsalz, stammt vor allem aus Salzbergstollen unter Tage. Ich behaupte nun, dass das Steinsalz genauso natürlich aus Mutter Erde hervorgegangen ist wie das hochgelobte Meersalz. Auch wenn es nicht, wie beim «Fleur de Sel», «natürlich» per Hand mit einer simplen, natürlichen Holzschaufel abgeschöpft wird – eine Art der Gewinnung, die allein schon die natürliche Vollkommenheit dieser teuersten Form des Meersalzes nahelegt.

Steinsalz als Speisesalz enthält ca. 99 Prozent Natriumchlorid und 1 Prozent Mineralstoffe (Calcium, Magnesium, Kalium, Phosphor), wohingegen Meersalz «nur» 95 bis 98 Prozent Natriumchlorid und 2 bis 5 Prozent Mineralstoffe enthält. Es handelt sich also um einen Unterschied von 1 bis 4 Prozent weniger bzw. mehr Natriumchlorid (NaCl). Trinken Sie doch bitte mal ein Schlückchen einer 99-prozentigen NaCl-Lösung und dann ein Schlückchen einer 97-prozentigen NaCl-Lösung. Ich wette, dass Sie den Unterschied nicht bemerken werden, falls Sie nicht eh sofort alles wieder ausspucken. Sollten Sie den Unterschied allerdings tatsächlich herausschmecken, sollten Sie unbedingt Chefkoch werden.

Wenn Sie im Urlaub am Meer z. B. beim Schnorcheln mal wieder aus Versehen eine Portion Meerwasser die Speiseröhre heruntergezwängt haben, kann ich Sie beruhigen. Der Salzgehalt von Meerwasser beläuft sich auf läppische 3,5 Prozent.

Ach übrigens, das Steinsalz entstand vor Jahrmillionen und ist uralt. Und woher stammt dieses in unterirdischen Lagerstätten abgelagerte Steinsalz? Aus verdunstetem Meerwasser! Oh Mann!

> **Salzgehalt verschiedener Meere:**
>
> **Ostsee:** 1,2 %
>
> **Nordsee:** 3,0 %
>
> **Mittelmeer:** 3,8 %
>
> **Totes Meer:** 28 %

Kristallsteine in der Wasserkaraffe – wundersame Schwingungsübertragungen

Speziell im Bereich Essen und Trinken halten sich wundersame, durch nichts wirklich belegte Behauptungen erstaunlich lange. Vitamin C helfe gegen Krebs, Spinat enthalte besonders viel Eisen, sind typische Vertreter solcher Irrtümer. Denn letztlich stellen sie nur die Phantasie – oder die Geschäftstüchtigkeit – ihrer Erfinder unter Beweis. Wie auch im Fall der Kristallsteine, die angeblich «Energie» ins Trinkwasser übertragen sollen.

Wann immer ich sie besuche, nie darf auf dem Tisch meiner Bekannten die ganz gewöhnliche Glaskaraffe fehlen, die gefüllt ist mit ganz gewöhnlichem Leitungswasser, in dem aber ganz besondere «Edelsteine» liegen. Auch sie sind eigentlich ganz gewöhnlich: durchsichtige Bergkristalle und rund geschliffene, lila Amethyste, gekauft in einem Naturheilmittelladen. Sie sehen schön aus, so bunt und glitzernd, wenn Sonnenstrahlen die Glaskaraffe treffen. Meine Bekannte, eine ansonsten sehr sachlich denkende und akademisch gebildete Frau, ist davon überzeugt, dass sich die «Energie» der Kristallsteine auf das Wasser überträgt und somit das Wasser «wertvoller» macht, es dadurch besser schmeckt und bekömmlicher ist, eben gutes Wasser wird. Denn durch das Klärwerk werde unser Grundwasser «ausgelaugt» und energielos, eben zu schlechtem Wasser. Schließlich würden sich ja auch Mineralstoffe aus den Kristallen in der Natur lösen und so an das Wasser abgegeben. Die Natur wisse eben am besten, was für uns Menschen gut sei.

Dreimal schlucken, ruhig bleiben, sage ich mir. Jede sachliche Diskussion ist hier meiner Erfahrung nach sinnlos. Allerdings will ich Folgendes zu bedenken geben:

Erstens sind Edelsteine, Halbedelsteine oder sonstige Naturkristalle vor allem Metall-Sauerstoff- und Silicium-Verbindungen, also Oxide oder Silicate. Solche Stoffe sind so etwas von absolut unlöslich in Wasser, die sitzen seit Jahrmillionen an irgendwelchen Gesteinen, und kein Regen, kein Fluss, kein Ur-Ozean war und wäre in der Lage, sie an- oder gar aufzulösen. (Edel-)Steine sind chemisch gesehen tote Hunde. Der Chemiker spricht von inert, chemisch stabil. Von ihnen gehen keinerlei Mineralien ins Wasser über.

Würde ein Edelstein oder Naturkristall aber doch irgendwelche Energie, z. B. als Schwingung, ähnlich wie der Schwingquarz bei einer Quarzuhr, auf das Wasser übertragen, dann müsste man diesen Energiegewinn in irgendeiner Form bemerken. In unserem Kosmos gibt es weder Energievernichtung noch Energievermehrung, es wird immer und in jedem Fall ein Ausgleich hergestellt. Das heißt: Bei einer stattfindenden

Energieübertragung müsste sich das Wasser z. B. erwärmen. Tut es aber nicht. Aber es hört sich gut an. Schwingungen sind immer gut. Es wäre im Sinne einer energetischen Anreicherung höchstens noch denkbar, die Steine so schnell in der Karaffe kreisen zu lassen, dass sie sich annähernd mit Lichtgeschwindigkeit bewegen. Dann würden die Steine in Materiewellen übergehen, so, wie das die winzigen Elektronen und Photonen (Lichtteilchen) tun. Schlaue Physiker haben Folgendes berechnet: Wenn ein Elektron mit einer «langsamen» Teilchengeschwindigkeit von einem Prozent der Lichtgeschwindigkeit (das entspräche 3000 km/s oder 10,8 Millionen km/h) durch die Gegend saust, dann liegt die Wellenlänge dieses Elektrons im Röntgenbereich. Diese Röntgenstrahlung konnte man experimentell tatsächlich nachweisen. Aber Kristalle, die mit einem – wenn auch noch so winzigen – Bruchteil der Lichtgeschwindigkeit in einer Glaskaraffe rotieren?

Jede sich bewegende Masse, sei es Licht, seien es Elektronen, Neutronen, ein geworfener Stein, strahlt auch eine Welle aus. In der klassischen Physik erkennt man bei bewegten makroskopischen Körpern aber keinen Welle-Teilchen-Dualismus. Der Welle-Teilchen-Dualismus ist ein charakteristisches Merkmal der Mikrophysik und besagt, dass Licht und Materie weder durch das Wellen- noch durch das Teilchenmodell allein vollständig beschrieben werden können. Man muss vielmehr beide Modelle gleichzeitig nebeneinander benutzen. Wir spüren im Alltag also nichts von der Wellennatur der Materie – weil die Materie zu groß und zu langsam ist. Nur bei extrem kleinen Massen mit extrem hohen Geschwindigkeiten nahe der unfassbaren Lichtgeschwindigkeit sind die Wellen relevant und überhaupt messbar.

Beispielrechnung: Würde man einen Edelstein mit einer Masse von 10 Gramm mit einer Geschwindigkeit von 10 Zentimeter pro Sekunde (= 3,6 km/h) in einer Glaskaraffe bewegen, betrüge die Wellenlänge des Edelsteins rund 7×10^{-31} Meter, was 0,000 000 000 000 000 000 000 000 7 Nanometer entspricht. Bei schwindelerregenden 36 Stundenkilometern (= 1 m/s) käme man auf 7×10^{-30} Meter Wellenlänge. Zum Vergleich: Die Wellenlänge des sichtbaren Lichts liegt zwischen 300 und 600 Nanometer. Kein Messgerät der Welt kann diese unvorstellbar kleine Wellenlänge messen! Die kleinste messbare Wellenlänge liegt im Bereich von 10^{-14} m (= 0,00001 nm).

Es gäbe da aber vielleicht einen Ausweg aus diesem Dilemma. Wenn Sie Ihr totgeglaubtes Leitungswasser tatsächlich mit Mineralstoffen auffrischen und wiederbeleben wollen, dann sollten Sie zwei Esslöffel voll frischer Erde nehmen – am besten direkt aus Ihrem Komposthaufen. Rein damit in die Karaffe und gut umrühren. Die frische Erde ist reichhaltig an Spurenelementen und Mineralstoffen, die löslich sind und in das Wasser übergehen. Nur der unlösliche Dreck bleibt als fieser Bodensatz übrig. Aber den müssen Sie ja nicht mittrinken. Wegen der Schwebstoffe werden Sie aber ums Filtrieren durch den Kaffeefilter wohl nicht herumkommen. Köstlich: frisch aufgegossenes Erdwasser – Mutter Erde in ihrem Element –, das wird aber schmecken! Zugegeben, Schlamm ist nicht so hübsch anzusehen, wie Kristalle es sind – darüber müssen Sie natürlich hinwegsehen.

Es wird ihn wohl immer geben – diesen «Glaubenskrieg» zwischen Bio und Chemie. Es scheint tatsächlich eine Frage des festen Glaubens zu sein, ob man das Gute der Energiesteine oder das Gute des Meersalzes zu erkennen vermag. Es ist wie bei der endlosen Diskussion zwischen Kreationisten und Evolutionisten bzw. Darwinisten – Schöpfung contra Evolution. Den goldenen Mittelweg gibt es übrigens nicht, weil sich beide Sichtweisen, wenn man sie genau betrachtet, gegenseitig ausschließen.

ZUSAMMENFASSUNG

Die vielbeachtete Molekularküche ist mehr Schein als Sein. Hitze ist und bleibt das A und O in der Nahrungsmittelzubereitung. Das hat sich in der Jungsteinzeit so eingebürgert und wird auch in den kommenden zehntausend Jahren so bleiben. Moderne Molekularküche hin oder her. Die Mikrowelle ist für Singles unverzichtbar, kann aber nur aufwärmen, was man zuvor gegart hat, nicht mehr, aber eben auch nicht weniger. Die unzähligen aromatischen Duftstoffe der Maillard-Reaktion werden unsere Riechzellen auf ewig verfolgen und uns sicher den Weg zu Essbarem weisen. Auch wenn unsere Riechnerven 30 000-mal schlechter schnuppern als die Nasen von Bären. Die Jahrhunderterfindung Schokolade wird bis zum bitteren Ende an der Seite der Menschheit stehen, davon bin ich fest überzeugt. Besonders Zucker ist die Hit-Substanz der Natur. Er liefert unserem Körper sofort und augenblicklich Energie, daher ist er – als Stärke oder Saccharose – evolutionär eng mit uns verbunden.

Rätsel aus dem Alltag

1. *Wie viele Aromastoffe bzw. Duftstoffe werden beim Braten von Fleisch gebildet?*
   a) etwa 6
   b) etwa 60
   c) etwa 600

2. *Wie viele Aromastoffe bzw. Duftstoffe werden beim Rösten von Kaffeebohnen gebildet?*
   a) etwa 10
   b) etwa 100
   c) etwa 1000

3. *Warum wird Senf oder Mayonnaise in Tuben aus Aluminium verpackt, Zahnpasta aber seit zig Jahren in Kunststofftuben abgefüllt?*

a) Weil man Aluminiumtuben besser ausdrücken kann.

b) Weil Aluminium im Gegensatz zu Kunststoff für Sauerstoff undurchlässig ist und somit die Pasten vor Oxidation und damit vor Alterung schützt.

c) Weil die Aluminiumtube besser vor Licht und damit vor Zersetzung schützt.

(Lösungen siehe S. 256)

Wenn Moleküle tanzen – Freizeit und Party

4.

* * *

In diesem Kapitel dreht sich alles um verblüffende und faszinierende Experimente für zu Hause. Experimente, die Sie auf der nächsten Party selber vorführen können. Sie können sich in Ihrem Partykeller eine «Magic Bar» einrichten, an der Sie nicht nur Ihren Mojito anrühren, sondern auch Bier, Cola und Softeis in Sekundenschnelle im wahrsten Sinne des Wortes zaubern. Ernten Sie ausgelassene Heiterkeit mit dem magischen Kondomkaktus! Darüber hinaus erfahren Sie den Unterschied zwischen Fluoreszenz und Phosphoreszenz und können sogar Blut zum Leuchten bringen. Apropos Leuchten: Auf die Frage, die mir Jürgen von der Lippe einst stellte – ob er Leuchtpulver in seinen Mojito kippen kann, damit er ihn nachts schneller findet –, werde ich mit einem spektakulären Experiment antworten. Sollten Sie mal zu viel Alkohol konsumiert haben und ins berühmte «Röhrchen» blasen müssen, kann Sie der Dampfdruck des Ethanols in arge Bedrängnis führen. Warum das so ist, erfahren Sie hier. Wenn Sie bei Freizeit vor allem an Strand und Meer denken – so wie ich –, dann interessieren Sie vielleicht auch meine Fragen, warum meine nasse Badehose in Spanien trocken wird, in Thailand aber nass bleibt, und was passieren würde, wenn der gesamte Strand der Costa Blanca aus sogenanntem magischem Sand bestehen würde.

Fluoreszenz & Phosphoreszenz

Mein sechsjähriges Patenkind Florian hat mich neulich wieder einmal mit einer absoluten Neuigkeit überrascht: Star-Wars-

Sticker Nr. 278 leuchtet im Dunkeln! Ich als Chemiker denke mir natürlich sofort: aha, Phosphoreszenz. Später war ich mit Florian im Zoo, wo es im Gewächshaus einen Raum gibt, in welchem die Pflanzen mit Schwarzlicht, manche sagen auch UV-Licht dazu, angestrahlt werden. Florian entdeckte, wie strahlend weiß sein T-Shirt, sein Unterhemd, seine Fingernägel und weißen Socken leuchteten. Als wir unsere Zähne wie ein Löwe fletschten, leuchtete mir ein schneeweißes Mäulchen entgegen.

Ich habe meiner sieben Jahre alten Nichte Anabelle-Sophie zum Geburtstag einen knallbunt leuchtenden Wecker geschenkt, damit sie nie zu spät in die Schule kommt. Mit großen Lettern steht dadrauf: Luminescent. Meinen die vielleicht nicht doch eher phosphoreszent? Denn wenn Anabelle-Sophie im Dunkeln auf ihren Wecker schaut, leuchten die Zeiger und Ziffern in geheimnisvollem grünlichem Licht. Die knallrote Leuchtfarbe des Kunststoffgehäuses ist allerdings fluoreszent.

Damit die Verwirrung ein Ende findet, möchte ich Ihnen ganz kurz und sehr anschaulich erklären, was man unter Fluoreszenz und Phosphoreszenz überhaupt versteht. Wirklich nur ganz stark vereinfacht, so, wie man es auch an der Uni lernt.

S oder T? – Das ist hier die Frage

Schauen Sie sich die Graphik «Jablonski-Termschema» bitte ganz in Ruhe an!

Sie sehen hier das Jablonski-Termschema mit den verschiedenen elektronischen Zuständen. Auf der linken Seite die Singulett-Zustände mit Elektronen mit antiparallelem Spin, auf der rechten Seite die energetisch tiefer liegenden Triplett-Zustände mit Elektronen mit parallelem Spin. Bitte beachten Sie dabei die Hundschen Regeln und das Pauli-Prinzip! Wir bestrahlen nun mit Licht geeigneter Wellenlänge, die Elektronen absorbieren

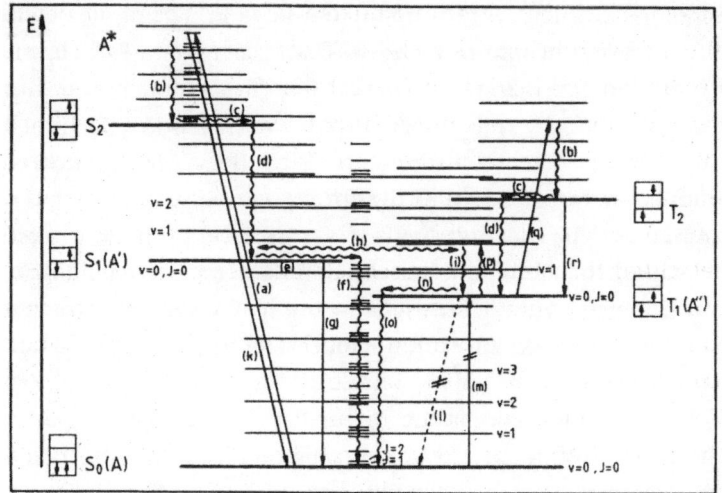

Jablonski-Termschema

Lichtquanten und gelangen durch Franck-Condon-Übergänge gemäß der Born-Oppenheimer-Näherung irgendwo in den angeregten Zustand A*. Es kommt zur vibrationalen Relaxation bzw. thermischen Äquilibrierung, also zu einem *internal conversion* zu S1. Aus dem Grundschwingungszustand von S1 erhält man schließlich das Fluoreszenzspektrum. Alles klar?

Ganz anders die Phosphoreszenz: Hier gibt es eine Spin-Umkehr vom S- in den T-Zustand, was – wie Sie alle wissen – natürlich verboten ist. Nur Terme mit gleicher Spinmultiplizität dürfen das. Hier ist die Umkehr natürlich möglich durch die Spin-Bahn-Kopplung, es handelt sich also um ein *intersystem crossing*. Nun, wir machen wieder ein bisschen strahlungslose Desaktivierung und gelangen schließlich in den Grundschwingungszustand von T1, und von dort erhalten wir dann das Phosphoreszenzspektrum. Noch Fragen?!

Der Vollständigkeit halber hier noch die exakte wissenschaft-

liche, leider auch extrem unanschauliche Erklärung der Fluoreszenz bzw. Phosphoreszenz: Bei fluoreszierenden Farben, wie
z. B. in den Textmarkern oder bei Neonfarben, leuchtet es nur
dann, wenn Licht angeknipst ist (z. B. Weiß-Licht, UV-Licht). Ist
das Licht aus, leuchtet auch nichts mehr! Bei UV-Licht leuchten
Fluoreszenzfarben am intensivsten. Da das weiße Licht auch UV-
Anteile enthält, leuchten Textmarker und weiße Hemden auch
bei Tageslicht schön und hell. An den Kassen halten die Kassie-
rer/-innen die Fünfzigeuroscheine unter eine kleine UV-Lampe,
um auf Falschgeld zu prüfen. Fluoreszierende Muster bestäti-
gen die Echtheit der Note.

Bei phosphoreszierenden Farben leuchtet es dagegen auch
dann noch, wenn das Licht ausgeschaltet ist (Uhrenziffernblät-
ter, Leuchtsterne, Star-Wars-Sticker, Playmobil-Figuren), weil
phosphoreszierende Farbstoffe in der Lage sind, Licht zu «speichern». Fluoreszierende Farbstoffe können dies nicht. Man
könnte beide Phänomene auf folgenden kurzen Merksatz reduzieren: Licht an – Fluoreszenz leuchtet, Licht aus – Phosphoreszenz leuchtet.

Hier nun die allgemeinverständliche Erklärung dieses Phä-
nomens: Phosphoreszenzfarbe wird auch als nachleuchtende
Farbe bezeichnet und nicht nur bei Spielzeug, sondern vor allem
für Brandschutzschilder und Fluchtwegbeschriftungen verwendet. Auch die in der Nacht grünlich leuchtenden Uhrenziffer-
blätter bestehen aus nachleuchtender Farbe. Aus chemischer
Sicht besteht nachleuchtende Farbe aus einer relativ einfachen
Verbindung, nämlich aus ungiftigem Zinksulfid. Zink ist ein
Metall, und Sulfid bedeutet Schwefel. Also eine Zink-Schwefel-
Verbindung. Allerdings taugt hochreines Zinksulfid überhaupt
nicht als Phosphoreszenzfarbe. Es muss ein bisschen «ver-
dreckt» sein, und zwar mit Edelmetallen wie Silber oder Kupfer. Der Gehalt an diesen beiden Edelmetallen beträgt ungefähr

0,01 Prozent. Man spricht von einer «Dotierung» des Materials, das heißt, einige «Lücken» in der Molekülstruktur sind mit Silber- oder Kupferatomen besetzt. Diese Dotierung ist für die Anregung der Elektronen unerlässlich. Alle nachleuchtenden Farbanstriche basieren auf dotiertem Zinksulfid und leuchten grünlich. Zinksulfid hat die erstaunliche Eigenschaft, Licht zu speichern wie ein Schwamm das Wasser. Drückt man einen nassen Schwamm vorsichtig aus, dann fließt das Wasser in dünnem Strahl ganz langsam aus dem Schwamm heraus. Das Zinksulfid macht es ähnlich: Es gibt das «aufgesaugte» Licht ganz allmählich in kleinen Portionen wieder ab, und das kann Minuten bis Stunden dauern. Durch das Wissen aus dem ersten Kapitel können Sie die Fluoreszenz und die Phosphoreszenz auch auf molekularer Ebene verstehen. Trifft Licht auf die Moleküle von Fluoreszenzfarbstoffen, beispielsweise von Textmarkern, Banknoten, Neonfarben (Schwarzlichttheater) oder optischen Aufhellern (Waschmittel), werden Elektronen durch Energieaufnahme auf ein höheres Energieniveau katapultiert. Dieser angeregte Zustand ist extrem kurzlebig und dauert pro Elektron nur 10^{-5} bis 10^{-11} Sekunden. Er ist so kurzlebig, dass wir ihn gar nicht wahrnehmen. Daher «erlischt» die Fluoreszenz auch sofort, wenn die Lichtquelle aus ist. Wie ein hochgeworfener Jonglage-Ball fällt das Elektron quasi augenblicklich in seinen ursprünglichen Aufenthaltsort seines Farbstoffmoleküls zurück. Die beim Hochkatapultieren hinzugeführte Energie wird beim Herunterfallen des Elektrons als Licht an die Umgebung abgestrahlt. Die Wellenlänge und damit verbunden die Farbe des abgestrahlten Lichts ist vom Farbstoff abhängig. Das sieht man an der Fülle von unterschiedlichen Leuchtfarben und Textmarkern. Wenn Sie also Ihren Textmarker beim nächsten Mal einsetzen oder ein Kind seine unsichtbare Geheimtinte mit einer kleinen (blauen) UV-Lampe sichtbar macht, dann wissen

Sie, dass gerade unzählige Elektronen hin und her flitzen und nicht eher ruhen werden, bis Sie das Licht ausgeschaltet haben. Fluoreszenzfarben verbrauchen sich in der Regel nicht und sind beinahe unbegrenzt haltbar.

Bei der Phosphoreszenz geschieht ebenfalls eine Anregung von Elektronen durch Licht. Genau wie bei der Fluoreszenz. Der große Unterschied ist aber, dass der angeregte Zustand bei der Phosphoreszenz bei weitem länger andauert als bei der Fluoreszenz. Die angeregten Elektronen verweilen Minuten bis Stunden, bevor sie wieder auf ihren ursprünglichen Platz im Molekül herunterfallen. Phosphoreszenz ist die Zeitlupenversion der Fluoreszenz. Das liegt daran, dass die Elektronen noch einen «Umweg» nehmen. Das kostet sie ein bisschen ihrer Energie. Daher ist Phosphoreszenzlicht immer etwas energieärmer als das zur Anregung verwendete Licht. Nachleuchtende Farbe leuchtet stets grünlich gelb. Die Anregung kommt nur zustande, wenn man energiereicheres als grüngelbes Licht einsetzt, z. B. blaues oder UV-Licht (oder weißes Licht, das ja auch Blau- und UV-Anteile enthält). Bestrahlt man Phosphoreszenzfarbe mit energieärmerem, z. B. rotem Licht, bleibt der nachleuchtende Effekt aus. Keine Anregung, keine Phosphoreszenz.

Chemolumineszenz

Wie der Name schon verrät, leuchtet es bei einer Chemolumineszenz unabhängig vom Licht und nur dann, wenn eine bestimmte chemische Reaktion abläuft. Meistens reagiert Sauerstoff aus einem Bleichmittel auf Sauerstoffbasis (Peroxid) mit einem Farb- bzw. Leuchtstoff. Dabei entsteht eine energiereiche Sauerstoff-Farbstoff-Verbindung. Zur Veranschaulichung kann man sich vorstellen, dass diese Sauerstoff-Farbstoff-Verbindung ganz oben auf einem Energieberg hockt, auf der Zugspitze, auf dem Mount Everest. Ein hinzugefügter «Aktivator» bringt die Chemolumineszenz-Reaktion dann in Gang. Der Aktivator gibt der Sauerstoff-Farbstoff-Verbindung bildlich gesprochen einen «Tritt in den Hintern», und die Verbindung rollt den ganzen Berg hinunter bis ins Tal. Die gesamte freiwerdende Energie als Differenz zwischen Gipfelhöhe und Talebene wird dabei an die Umgebung abgegeben, und zwar ausschließlich in Form von Licht und nicht als Wärme, wie z. B. bei der Glühbirne. Beim Betrieb einer klassischen Glühbirne entsteht etwa 95 Prozent Wärme und nur 5 Prozent Licht. Bei der Chemolumineszenz dagegen sind es satte 100 Prozent Licht. Die Reaktion wird nicht heiß. Daher rührt auch die Bezeichnung «kaltes Licht» für die Chemolumineszenz. Ein ganz ähnliches Licht produzieren die Glühwürmchen in ihrem Hintern. Das wird – zum Glück für sie – auch nicht heiß.

Auch verschiedene Tiefseekreaturen, die ansonsten in absoluter Dunkelheit ihr Leben fristen, können farbenfrohe Leuchtspiele veranstalten, die vor allem zwei Zwecken dienen: dem Anlocken von Sexualpartnern und von Beutetieren. Der wohl bekannteste und skurrilste Vertreter ist sicher der Anglerfisch, der mit einer kleinen, leuchtenden «Laterne» vor seinem riesigen Maul neugierige Beutefische anzieht. Nur noch zuschnappen – und weg ist der Fang. Bei der Chemolumineszenz des Glühwürmchens, auch Johanniskäfer genannt *(fire flies)*, reagiert hauptsächlich Luciferin als leuchtendes Agens mit Sauerstoff unter Beteiligung eines Enzyms namens *Luciferase* als «Aktivator». Die *Luciferase* ist ein Enzym aus der Klasse der Transferasen, die Atome oder Moleküle transportieren und übertragen (mehr zu Enzymen siehe S. 54). In diesem Falle überträgt sie das Sauerstoffmolekül (O_2) auf das Luciferin. Das Luciferin-Luciferase-System ist weit verbreitet im Tierreich und wird vom Glühwürmchen bis zur Tiefseegarnele oder zum Tiefseefisch angewendet.

Wenn Tiere oder allgemein Lebewesen Chemolumineszenz-Reaktionen in ihrem Körper ablaufen lassen, spricht man auch von der Biolumineszenz. Da haben wir ihn wieder, diesen anscheinenden Widerspruch zwischen Chemie und Biologie, dem «Bösen» und dem «Guten», dem «Unnatürlichen» im Labor und dem «Reinen» in der Natur. Die Chemie wird gegen die Biologie ausgespielt, obwohl die Biolumineszenz natürlich nichts anderes ist als eine chemische Reaktion von Molekülen. Die Chemolumineszenz ist letztlich eine Erfindung der Natur, also von sich aus schon «bio».

....

LEUCHT-EXPERIMENT 1: GRÜN LEUCHTENDES
WASCHPULVER, FESTE VERSION

Sie brauchen:
Vollwaschmittel (Pulver, für 95° / 60°-Kochwäsche, muss
Bleichmittel auf Sauerstoffbasis enthalten, steht seitlich
auf der Packung)
0,2 g (1 TL-Spitze) Luminol (AppliChem, Sigma-
Aldrich; 5 g ca. 36 Euro, leicht reizend)
10 g (1 TL) rotes Blutlaugensalz bzw. Kaliumhexacyano-
ferrat III (AppliChem, Sigma-Aldrich; 500 g ca. 21 Euro)
Marmeladenglas mit Schraubdeckel
Glas (ca. 0,5 l)
Esslöffel
Teelöffel
Wasser

Durchführung: Die Mengenangaben müssen Sie nur ungefähr einhalten. Mischen Sie 2 bis 3 EL Waschpulver mit 1 TL rotem Blutlaugensalz und mit einer TL-Spitze Luminol im Marmeladenglas (Deckel zu und Glas leicht schütteln). Fertig ist Ihr Leuchtpulver. Dieses Leuchtpulver können Sie monatelang aufbewahren. Sobald man es aber in Wasser auflöst, fängt es an zu leuchten wie ein Glühwürmchen. Geben Sie etwa 2 bis 3 TL des Leuchtpulvers in ein Glas (0,5 l) und füllen Sie das Glas mit Leitungswasser auf. Licht aus! Im Dunkeln leuchtet das Wasser türkis-grünlich für etwa 10 bis 15 Minuten. Nach Abklingen des Leuchtens kann man das kalte Licht durch Zugabe von Kaliumhexacyanoferrat III kurzfristig wieder auffrischen.

Die verbrauchten Lösungen kann man bedenkenlos im Abwassernetz, sprich WC oder Waschbecken, entsorgen.

....

....

LEUCHT-EXPERIMENT 2: BLAU LEUCHTENDES BLUT, FLÜSSIGE VERSION

Sie brauchen:
20-Liter-Aquarium
10 ml (etwa 1 EL) flüssiges Blut (Metzgerei, Schlachthof)
10 g (etwa 1 TL) rotes Blutlaugensalz bzw. Kaliumhexacyanoferrat III (AppliChem, Sigma-Aldrich; 500 g
   ca. 21 Euro)
0,5 g (etwa 1 TL-Spitze) Luminol (AppliChem, Sigma-
   Aldrich; 5 g ca. 36 Euro, leicht reizend)
200 ml verdünnte Natronlauge 1- bis 10-prozentig
   (AppliChem, Sigma-Aldrich; 1 l ca. 15 Euro,
   ätzend)
200 ml Wasserstoffperoxid 3-prozentig
   (Apotheke, leicht reizend)
20 l destilliertes Wasser (Baumarkt)

großer Esslöffel
Teelöffel
Kochlöffel zum Umrühren
Schutzbrille (Baumarkt)
Schutzhandschuhe (Baumarkt, Apotheke)

Durchführung: Die Mengenangaben müssen Sie nur ungefähr einhalten. Vorsicht beim Umgang mit Wasserstoffperoxid und Natronlauge! Nicht in die Augen, nicht auf Schleimhäute übertragen! Tragen Sie unbedingt eine Schutzbrille und Schutzhandschuhe! Füllen Sie das Aquarium mit 20 l destilliertem Wasser. Das in der Natronlauge aufgelöste Luminol wird in das Aquarium gegossen und verrührt. Würden Sie Leitungswasser verwenden, würde die Lösung trüb werden, denn die Natronlauge würde unlösliche Metallhydroxide bilden. Fügen Sie nun etwa 200 ml (ein Glas voll) Wasserstoffperoxid hinzu und rühren Sie erneut um. Jetzt ist die Leuchtlösung fertig und kann auf zwei Arten gestartet werden:

1. mit Blut: Gießen Sie «mit Schmackes» etwa 10 ml Blut in das Aquarium. Dann Licht aus! Im Dunkeln erleben Sie ein einzigartiges Schauspiel aus hellblau leuchtenden Schlieren und Wolken, die sich im Wasser wie ein lebender Organismus verteilen. Wenn Sie mit dem Kochlöffel umrühren, leuchtet das gesamte Wasser im Aquarium intensiv hellblau. Je dunkler der Raum, desto besser kommt das Leuchten zur Geltung. Nach etwa 15 bis 20 Minuten nimmt das Leuchten exponentiell ab. Durch Hinzufügen von Blut kann man die Reaktion noch einmal «auffrischen».

2. mit Eisensalz (Kaliumhexacyanoferrat III): Geben Sie etwa 1 EL voll Kaliumhexacyanoferrat in das Aquarium. Dann Licht aus! Im Dunkeln sieht man spektakuläre, türkisblaue

Schlieren, die sich wie Lianen von oben nach unten durch die Flüssigkeit ziehen. Beim Auflösen der orangefarbenen Kristalle setzt die Chemolumineszenz-Reaktion ein.

Die verbrauchten Lösungen kann man bedenkenlos im Abwassernetz, sprich WC oder Waschbecken, entsorgen.

....

Stellen Sie sich vor, Sie würden mit Hilfe der Chemolumineszenz eine ganze Badewanne oder, noch spektakulärer, einen ganzen Swimmingpool zum Leuchten bringen. Das wäre doch mal eine echte Sensation in Ihrem Garten (falls Sie Pool-Besitzer sind). Wenn Sie das tatsächlich vorhaben, geben Sie mir bitte unbedingt per E-Mail Bescheid. Da komme ich gerne vorbei, denn das stelle ich mir äußerst attraktiv vor. Vielleicht wäre das auch ein zusätzlicher Grund – neben der alljährlichen Bitte meiner Kinder –, uns endlich einen Pool zuzulegen.

Jürgen von der Lippe und sein leuchtender Mojito

Vor ein paar Jahren war ich bei der Talkshow «Johannes B. Kerner» zu Gast, gemeinsam mit Jermaine Jackson (großer Bruder von Michael Jackson), Miriam Pielhau und Jürgen von der Lippe. Die beiden Letztgenannten sollten bei meinen chemischen Experimenten quasi als Versuchskaninchen mitwirken. Miriam Pielhau durfte mit magischem Sand und Bärlappsporen im Aquarium spielen, während Jürgen von der Lippe bravourös eine Staubexplosion auslöste. Bei der Vorführung des Leuchtpulvers stellte Jürgen von der Lippe die amüsante Frage, ob er das Leuchtpulver nicht auch in seinen Mojito geben könne, damit er ihn nachts im Dunkeln leichter finden kann. Für eine längere Antwort war während der Sendung leider zu wenig Zeit, deshalb möchte ich die Gelegenheit nutzen und an dieser Stelle etwas ausführlicher antworten – wer weiß, vielleicht können

Sie einen Leucht-Drink auch einmal gut gebrauchen? Erstens: Theoretisch könnte man das Gemisch aus Waschpulver, Kaliumhexacyanoferrat und Luminol tatsächlich in den Mojito geben. Genügend Wasser zum Auflösen des Pulvers wäre vorhanden. Die Chemikalien sind nicht giftig oder ätzend. Allerdings würde Herr von der Lippe nach dem Genuss des kubanischen Cocktails erheblichen Schaum vorm Mund haben. Sähe dann aus, als hätte er Tollwut. Zudem verdirbt die Lauge den frisch-süß-bitteren Geschmack des Mojito zu nahezu 100 Prozent. Schade. Zweitens: Statt des Waschpulvers könnte man zum kubanischen Nationalgetränk eine Messerspitze Luminol, einen Teelöffel Wasserstoffperoxid, einen Spritzer Natronlauge (oder WC-Reiniger) sowie eine Eisentablette untermixen. Der daraus resultierende leuchtende Cocktail erhielte das Prädikat: ungenießbar und gesundheitsschädlich! Mist. Drittens: Es gibt neben den sogenannten Knicklichtern, auf die ich gleich genauer zu sprechen komme, auch leuchtende Eiswürfel. Das sind keine echten Eiswürfel, sondern aus durchsichtigem Kunststoff geformte Würfel, die mit einer farbigen Leuchtflüssigkeit gefüllt sind (Stückpreis ca. 80 Cent). Das Leuchten dieser Eiswürfel basiert auf der Chemie des «kalten Lichts» und reicht von eisblau über orange und gelb bis pink. Da die Leuchtflüssigkeit «eingepackt» ist, könnte Jürgen von der Lippe solche Leuchteis-

Rezept für Mojito (kubanisches Nationalgetränk und sehr beliebter Party-Cocktail)

Zutaten: 6 cl (60 ml) Rum, 1 TL weißer Rohrzucker, 6 Minzeblätter, 2 Limetten, Mineralwasser, crushed ice

Das 6–6–6-Rezept: Füllen Sie den Rohrzucker in ein Glas. Schneiden Sie eine gewaschene Limette in kleine Stückchen und geben Sie 6 Stückchen in das Glas. Nun drücken Sie etwas Saft aus der anderen Limette ins Glas und fügen einen Schuss Mineralwasser hinzu. Umrühren. Als Nächstes kommen 6 Minzeblätter in die Mischung, gefolgt von zerstoßenem Eis. Füllen Sie das Cocktailglas bis fast zum Rand mit dem crushed ice. Zum Schluss kommen 6 cl (60 ml) Rum hinzu, umrühren, Strohhalm rein, fertig.

würfel bedenkenlos in seinen Mojito geben, z. B. in Limettengelb leuchtend. Das kalte Licht hält gut und gerne 20 Stunden. Das sollte für eine Nacht an der Hausbar wohl reichen.

Es gibt übrigens auch leuchtende Trinkhalme, die auf keiner Ihrer Partys fehlen sollten. Ein echter Hingucker! In diesen durchsichtigen Trinkhalmen befindet sich ein ca. 2 Zentimeter langes «U-Boot» in Form einer langgezogenen weißen Bohne aus ebenfalls durchsichtigem Kunststoff, das mit der Leuchtflüssigkeit gefüllt ist. Saugt man ein Getränk durch den Trinkhalm an, saust die «Leucht-Bohne» wie ein Schlitten bis kurz vor den Mund und wird vom eingesogenen Getränk umspült. Sieht herrlich aus! Zwei winzige Einkerbungen im oberen Viertel des Trinkhalms bringen das «U-Boot» zum Stoppen, sodass es nicht in den Mund flutschen kann. Das wäre jedoch nicht weiter tragisch, denn irgendwann würden Sie eben eine leuchtende Spur auf dem Klo hinterlassen. Wenn Sie aufhören, Ihr Getränk anzusaugen, dann gleitet die «Leucht-Bohne», bedingt durch die Schwerkraft, wieder auf ihre im unteren Viertel liegende Ausgangsposition zurück. Auch hier halten zwei winzige Einkerbungen das Projektil in Schach.

Knicklichter – kaltes Licht für alle

Im Zirkus, auf der Kirmes, in Bergsport- und Dekoläden trifft man auf sie – die Knicklichter. Der Name ist Programm. Sobald man diese meistens 20 Zentimeter langen und wenige Millimeter dicken Plastikröhrchen biegt und knickt, fangen sie an, farbig zu leuchten. Mit Hilfe von kleinen Steckern können Sie sie zu leuchtenden Armreifen machen und damit Kinder beglücken. Die Chemie, die dahintersteckt, ist nichts anderes als die Chemolumineszenz, also ein kaltes Licht. Allerdings handelt es sich hierbei nicht um leuchtendes Waschpulver oder um eine wässrige Luminol-Lösung mit Lauge und Eisensalz oder Blut, sondern um eine kompliziertere chemische Zusammensetzung. Die biegsamen Kunststoffröhrchen aus Polyethylen sind mit einer Farbstofflösung gefüllt, die aus einem Lösungsmittel (z. B. Phtalsäuredimethylester), einem Farbstoff (z. B. Anthracen oder Rubren) und einem Aktivator (z. B. Oxalsäuretrichlorphenyles-ter) besteht. In der Farbstofflösung schwimmt eine hauchdünne Glasampulle, gefüllt mit Wasserstoffperoxid (3-prozentig), dem Bleichmittel auf Sauerstoffbasis. Wenn Sie ein Knicklicht gegen eine Lichtquelle halten, können Sie die Glasampulle deutlich erkennen. Durch das Knicken zerbricht die Glasampulle, und das Peroxid läuft zu der Farbstofflösung. Augenblicklich setzt genau dort das Leuchten ein, wo das Glasröhrchen zerdrückt wurde. Wenn Sie die Ampulle über die gesamte Länge des Knicklichts zerbrechen und es ordentlich hin- und herschütteln, dann leuchtet das Knicklicht in voller Pracht, über 24 Stunden lang. Eine Aufbewahrung im Kühlschrank verlangsamt das Abklingen des Leuchtens. Aber irgendwann ist die Reaktion am Ende, sind die Moleküle abreagiert, und das Knicklicht hat ausgeleuchtet. Zum Glück sind Knicklichter recht preiswert.

Alkohol am Steuer

Vielleicht haben Sie schon mal einen Mojito zu viel geschlürft und sind dabei sogar in die Verlegenheit geraten, bei einer Polizeikontrolle ins «Röhrchen» pusten zu müssen. Wieso ist der Alkohol überhaupt in unserem Atem? Denn diese Tatsache nutzt die Polizei aus, um den Gehalt an gelöstem Alkohol im Blut zu berechnen und Ihnen das Messergebnis in Form einer Digitalanzeige vors erstaunte Auge zu halten.

Oral aufgenommener Alkohol (chemisch exakter: Ethanol) wird hauptsächlich über den Dünndarm und den Magen in den Körperblutkreislauf aufgenommen. Letztlich ist der Dampfdruck des Ethanols beim Gasaustausch in der Lunge für die «Fahne» verantwortlich. So, wie wir auch ständig Wasserdampf aus unseren Lungen ausatmen oder Diabetiker das nach Nagellackentferner riechende Aceton. (Der Insulinmangel bei Diabetikern führt zur Abgabe von Körperfetten ins Blut, die u. a. zu schädlichem Aceton abgebaut werden.) Der Abbau des Alkohols erfolgt in der Leber über das Enzym *Alkoholdehydrogenase*. Pro Stunde können im Schnitt 0,15 Promille, also 0,15 Gramm pro Liter abgebaut werden.

Früher wurde der Atemalkohol nass-chemisch gemessen, indem man in ein Röhrchen mit Kaliumdichromat (plus Säure) gepustet hat. Die waren schön gelb, diese Glasröhrchen, aber wehe, wenn sie sich grün verfärbten! Das bedeutete nämlich, dass das Ethanol zu Acetaldehyd oxidiert und im gleichen Zug das gelbe Dichromat in grünes Chromat reduziert wurde. Je grüner sich das Röhrchen verfärbte, desto mehr Alkohol war im Atem.

Heute verwendet man zur «Atemalkoholbestimmung», wie es offiziell heißt, elektronische Handmessgeräte, die genauer, zuverlässiger und umweltschonender arbeiten. Man kann zum einen mit einem Lichtstrahl die Alkoholkonzentration messen. Je mehr Ethanoldampf den Lichtstrahl «trübt», desto weniger Licht kommt von A nach B. Der Unterschied wird gemessen und in Promille umgerechnet. Zum anderen sind elektrochemische Messgeräte in Gebrauch. Bei diesem Verfahren verursacht der Alkohol eine Erhöhung des Stromflusses. Je mehr Ethanol, desto mehr Strom, der gemessen und umgerechnet wird. Allerdings können auch andere Substanzen wie Kohlenmonoxid (Raucher) oder Aceton (Diabetiker) Strom erzeugen. Eine dritte Messmethode misst ebenfalls einen durch Ethanol bedingten erhöhten elektrischen Strom auf einem Halbleiter aus Metalloxid. Ähnlich wie beim früheren Dichromat-Röhrchen wird der Alkohol mit Sauerstoff zu Acetaldehyd oxidiert. Die dabei freiwerdenden Elektronen (Oxidation bedeutet Elektronenabgabe!) erhöhen die Leitfähigkeit des Halbleiters und somit den Stromfluss. Je mehr Alkohol, desto mehr Leitfähigkeit. Auch hierbei erzeugen Kohlenmonoxid (Raucher) und Aceton (Diabetiker) ebenfalls eine erhöhte Leitfähigkeit.

Eine exakte Messung des Blutalkoholspiegels kann nur in einem speziellen Labor durchgeführt und muss polizeilich über eine Blutabnahme verordnet werden. Die Konzentration des Alkohols im Blut wird in Promille angegeben, das ist eine Einheit in Gramm pro Kilogramm oder Gramm pro Liter.

Party-Experimente

Im vorigen Kapitel ging es um Alkohol im Blut, im Körper, jetzt soll der Alkohol für ein furioses Party-Experiment in der Flasche bleiben und Filmblut fließen, das Sie selber herstellen können. Doch mein absolutes Lieblingsexperiment ist und bleibt der Kondomkaktus.

....

EXPERIMENT: RAUCH UND ALKOHOL

Sie brauchen:
1 leere Flasche mit Schraubverschluss (Flasche mit
   möglichst weitem Hals, z. B. Punica-Saftflasche)
20 ml reinen Alkohol 94- bis 96-prozentig
   (Apotheke; 100 ml ca. 10 Euro, leicht
   entzündlich) •————————————————————
Teelöffel

Streichhölzer
Zigarette
Strohhalm
Schutzbrille (Baumarkt)

Durchführung: Geben Sie etwa einen halben TL reinen Alkohol in eine leere Glasflasche mit Weithals. Schließen Sie die Flasche mit dem Schraubverschluss fest zu. Schwenken Sie sie um, damit der Alkohol sich als Dampf gut verteilt. Blasen Sie dann mit Hilfe eines Strohhalms viel Zigarettenrauch in die wieder geöffnete Flasche hinein – etwa vier bis fünf Züge – und verschließen Sie sie erneut. Der Zigarettenqualm steht in der Flasche. Nun fragen Sie in die Runde, wie man den Rauch wieder aus der Flasche «zaubern» kann. Auflösung: Setzen Sie die Schutzbrille auf und öffnen Sie den Verschluss der Flasche. Zünden Sie ein Streichholz an und werfen Sie es in die Flasche. Vorsicht! Die Flasche in genügend großem Abstand zum Gesicht halten (eine Armeslänge)! Mit einer zischenden Flamme verschwindet der Rauch schlagartig. Sehr verblüffend.

Erklärung: Der in der Flasche als Dampf vorliegende Alkohol ist leicht entzündlich und reagiert bei Zündung mit dem Luftsauerstoff unter Feuererscheinung. Die entstehenden gasförmigen Produkte (Wasserdampf, Kohlendioxid) bewirken einen großen Druck in der Flasche und schleudern den Rauch, der ja aus nichts anderem besteht als aus kleinen festen Teilchen, augenblicklich aus der Flaschenöffnung heraus.

EXPERIMENT: FILMBLUT

Sie brauchen:
10 g Eisen(III)-chlorid-Hexahydrat
  (AppliChem, Sigma-Aldrich;
  500 g ca. 15 Euro, gesundheitsschädlich,
  stark reizend)
10 g Kaliumthiocyanat (AppliChem, Sigma-
  Aldrich; 500 g ca. 23 Euro, gesundheitsschädlich)
Wasser
3 Gläser
2 Teelöffel
2 große Wattestücke, jeweils 20 cm lang und der Länge nach
  mittig zusammengefaltet
1 große Schüssel
1 stumpfes Messer
Schutzbrille (Baumarkt)
Schutzhandschuhe (Baumarkt, Apotheke)
unempfindliche Unterlage (kein Teppich, kein Holz)
schauspielerisches Talent

Durchführung: Schutzbrille und Schutzhandschuhe anzie-
hen!
  Die Mengenangaben müssen Sie nur ungefähr einhalten.
Geben Sie 1 TL Eisen(III)-chlorid in ein Glas Wasser und rühren
Sie so lange um, bis sich alles gelöst hat. Vorsicht! Eisen(III)-
chlorid ist stark reizend. Nicht in die Augen, nicht in den
Mund, nicht auf Schleimhäute bringen! Die Eisenchlorid-Lö-
sung hat eine gelbliche Farbe (Lösung A). Lösen Sie nun 1 TL
Kaliumthiocyanat in einem zweiten Glas Wasser (Lösung B).
Tauchen Sie jeweils einen Wattebausch in Lösung A und

einen in Lösung B ein. Lassen Sie die Wattestücke in den Gläsern stecken, bis sie sich vollgesogen haben. Der obere Watteteil sollte über den Glasrand hinausschauen und trocken bleiben.

Erster Schockeffekt: Schneiden Sie sich scheinbar (!) mit einer stumpfen Klinge, z.B. in den Unterarm. Um Ihre «Wunde» zu behandeln, nehmen Sie die Watte mit der gelblichen Eisenchlorid-Lösung aus Glas A und legen Sie sie auf die «Wunde» (Sie können theatralisch schreien und die gelbe Lösung als desinfizierende Iodtinktur verkaufen). Nun nehmen Sie die andere Watte mit der farblosen Thiocyanat-Lösung aus Glas B und drücken sie fest auf die andere Watte. Dabei vermischen sich beide Lösungen, und augenblicklich fließt das dunkelrote «Blut» in Strömen. Sieht wirklich furchtbar aus. Achtung! Die rote Farbe darf nicht auf Kleidung oder Teppich tropfen. Die Flecken bleiben für immer und ewig drin! Verwenden Sie eine große Schüssel, um das herunterfließende «Blut» aufzufangen, oder legen Sie großzügig Plastikfolie auf dem Fußboden aus.

Zweiter Schockeffekt: Benetzen Sie einen Körperteil Ihrer Wahl (Hand, Arm, Bein) mit der farblosen Kaliumthiocyanat-Lösung B (mit Hilfe der Watte die Haut einstreichen). «Traktieren» Sie sich mit einer stumpfen Klinge, die Sie zuvor mit der gelben Eisenchlorid-Lösung A befeuchtet haben. Sobald Sie die Klinge über die präparierte Hautstelle führen, rinnt das «Blut».

Nach Beendigung Ihres Auftritts bitte die betroffenen Hautstellen gründlich mit Leitungswasser abwaschen. Sollten gelbe Farbstreifen auf der Haut zurückbleiben, bitte mit Seife und Schwamm abschrubben. Ich habe diesen Filmblut-Effekt mittels Schwertkampf rund um Jack Sparrow in meiner Show «Das verrückte Chemie-Labor» schon über 200-mal an meinem linken Unterarm über mich ergehen lassen, und der Arm ist immer noch der alte.

Erklärung: Gelöstes dreiwertiges Eisen (Fe^{3+}) verbindet sich mit drei Thiocyanat-Teilchen (SCN^-) in Wasser zu einem roten Farbstoff, der so ähnlich aussieht wie Blut. Natürliches Blut ist normalerweise dickflüssiger als Wasser. Daher wird beim «echten» Filmblut zum Andicken noch Stärke, Mehl, Soßenbinder oder – wie in Hollywood üblich – Erdnussbutter beigemischt. Dracula und die Twilight-Vampire sind kaum noch zu halten.

EXPERIMENT: MAGISCHER KONDOMKAKTUS OHNE STACHELN

Ein wirklich cooles Experiment für aufgeweckte Spaßmacher zu vorgerückter Stunde.
Sie brauchen:
1 leere Filmdose (oder vergleichbares Kunststoffdöschen)
Nagel, Zange, Kerze, Feuerzeug
2 Brausetabletten (Zink-, Magnesium- oder Calcium-
   Tabletten)
1 farbiges Kondom (z. B. grün oder blau)
kleine Gummiringe
kleiner Blumentopf (Durchmesser ca. 6 bis 7 cm)
Blumenerde
Esslöffel
Gießkanne mit Wasser

Durchführung: Halten Sie den Nagel mit Hilfe der Zange zuerst über die brennende Kerze, bis er heiß ist, und bohren Sie dann damit etwa 20 Löcher im unteren Drittel rings um die Filmdose herum. Legen Sie zwei Brausetabletten in die Dose und stülpen Sie nun ein farbiges Kondom über die Döschenöffnung. Fixieren Sie das Kondom mit 4 bis 6 kleinen Gummis am oberen Döschenrand. Nun stopfen Sie das gesamte Kondom in das Döschen und stellen es in einen kleinen Blumentopf. Füllen Sie Erde in den Topf und bedecken Sie das «Saatgut» mit Erde. Wenn die Hälfte des Döschens bedeckt ist, die Erde mit den Fingern etwas festdrücken. Dann das Döschen vollständig mit Erde füllen. Es sollte sich maximal etwa 1 Zentimeter Erde über dem Döschen befinden. Nun ist Ihr Experiment startklar.

Schenken Sie einem Ihrer Gäste diesen Blumentopf mit dem «Kaktus-Samen». Gießen Sie die Erde langsam nach und nach mit Wasser. Das Wasser muss einziehen und durch die Erde bis nach unten fließen, damit die Reaktion losgeht. Bei zu trockener Erde kann das etwas dauern. Sie können unmittelbar vor der Durchführung des Experiments allzu trockene Erde mit einem Blumenbesprüher anfeuchten. Nachdem Sie das «Saatgut» ausreichend mit Wasser versorgt haben, wächst in wenigen Augenblicken ein «Kaktus» zischend und sprudelnd aus der Erde. Garantiert ohne Stacheln! Er liegt zuerst flach und etwas schlapp seitlich am Rand, doch dann türmt er sich schließlich senkrecht auf. Erst Staunen bei Ihren Gästen, dann Rätseln, bald Erkennen, beinahe Beklemmung, schließlich Erheiterung, Gelächter.

Meine sehr verehrten Herren Leser: Vergessen Sie Viagra! Brausetabletten tun es auch. Aber Vorsicht! Der Kaktus ist etwas empfindlich: Drückt man ihn zu fest mit den Fingern, so fällt er in sich zusammen. Aber keine Sorge, er pumpt sich wieder voll und richtet sich erneut in die Senkrechte auf. Alles wie im echten Leben.

Erklärung: Das Wasser fließt durch die Löcher zu den Brause-tabletten, die sich in Kohlenstoffdioxid auflösen. Das CO_2-Gas bläht das Kondom auf und bringt es zum «Wachsen», bis es sich schließlich steif zum «Kaktus» aufrichtet.

··

Die wundersame Magic Bar

Eines der Highlights meiner Chemie-Shows ist die «Magic Bar», die Sie sich gerne auch zu Hause einrichten können. Die Zutaten bzw. Chemikalien sind nicht immer leicht zu besorgen und auch relativ teuer, aber die Effekte sind sensationell und absolut spektakulär. Täuschend echtes Bier, täuschend echte Cola und ein blutiges Softeis sind die drei Kandidaten der Magic Bar.

··

EXPERIMENT: ZAUBER-BIER

Sie brauchen:
1 1-Liter-Bierglas («oa Mass»)
2 1-Liter-PET-Flaschen
2 0,5-Liter-PET-Flaschen
Messbecher
Trichter
Briefwaage
2 Teelöffel
2 l destilliertes Wasser (Baumarkt)
Spülmittel (farblos)
Papierbögen (Postkarten-Größe)
Schutzbrille (Baumarkt)
Schutzhandschuhe (Baumarkt, Apotheke)
4 g Kaliumiodat (AppliChem / Sigma-Aldrich;
    100 g ca. 23 Euro, leicht reizend, brandfördernd)

1 g Natriumhydrogensulfit bzw. Natriumpyrosulfit
(AppliChem / Sigma-Aldrich; 500 g ca. 15 Euro,
gesundheitsschädlich)
20 ml verdünnte Schwefelsäure ca. 25- bis
30-prozentig (AppliChem / Sigma-Aldrich;
1 l ca. 15 Euro, ätzend)

Durchführung: Schutzbrille und Schutzhandschuhe anziehen!

Zuerst stellen Sie zwei Stammlösungen her, mit denen Sie vier Experimente, sprich viermal das «Zauber-Bier», herstellen können. Stammlösungen haben den Vorteil, dass Sie nicht winzig kleine Mengen mit einer groben Waage abwiegen müssen. Zum Einwiegen nehmen Sie die Papierbögen, die Sie kreuzweise falten.

Stammlösung A: Wiegen Sie 4 g Kaliumiodat ab und schütten Sie es mit Hilfe eines Trichters in eine 1-Liter-PET-Flasche. Beschriften Sie die Flasche mit «A». Füllen Sie die Flasche A mit 1 l destilliertem Wasser. Verschließen Sie die Flasche und schütteln Sie um, damit sich das Kaliumiodat besser löst.

Stammlösung B: Wiegen Sie 1 g Natriumhydrogensulfit ab und geben Sie es mit Hilfe eines Trichters in eine 1-Liter-PET-Flasche. Beschriften Sie die Flasche mit «B». Füllen Sie nun Flasche B mit 1 l destilliertem Wasser. Verschließen Sie die Flasche und schütteln Sie sie, damit sich das Natriumhydrogensulfit besser löst. Geben Sie nun 20 ml verdünnte Schwefelsäure in Flasche B und schwenken Sie sie um. Wenn Sie vorsichtig (!) an der Flaschenöffnung riechen, muss ein stechender Geruch auftreten.

Füllen Sie 250 ml der Stammlösung A in eine 0,5-Liter-PET-Flasche und fügen Sie noch 250 ml destilliertes Wasser hinzu. Verschließen Sie die Flasche und beschriften Sie diese Flasche mit «Zauber-Bier A». Füllen Sie 250 ml der Stammlösung B in eine 0,5-Liter-PET-Flasche und fügen Sie noch 250 ml destilliertes Wasser hinzu. Verschließen Sie die Flasche und beschriften Sie sie mit «Zauber-Bier B». Geben Sie einen kräftigen Schuss Spülmittel in das Bierglas. Nun kann das erste Zauber-Bier vorgeführt werden.

Öffnen Sie beide Flaschen (Zauber-Bier A und B) und gießen Sie den Inhalt beider Flaschen gleichzeitig aus etwa 20 bis 30 cm Höhe in das Bierglas hinein. Zuerst entsteht ein weißer Bierschaum. Nach einigen Sekunden verfärbt sich die farblose Mischung schlagartig in gelbbraunes Bier. Da kommt Freude auf. Leider absolut ungenießbar!

Das Zauber-Bier kann man bedenkenlos im Abwassernetz, sprich WC oder Waschbecken, entsorgen.

Erklärung: s. Zauber-Cola

⋯⋯⋯⋯⋯⋯⋯⋯⋯⋯⋯⋯⋯⋯⋯⋯⋯⋯⋯⋯⋯⋯⋯⋯⋯⋯⋯⋯⋯⋯⋯⋯⋯⋯⋯⋯⋯

⋯⋯⋯⋯⋯⋯⋯⋯⋯⋯⋯⋯⋯⋯⋯⋯⋯⋯⋯⋯⋯⋯⋯⋯⋯⋯⋯⋯⋯⋯⋯⋯⋯⋯⋯⋯⋯

EXPERIMENT: ZAUBER-COLA

Sie brauchen:
1 leere, gespülte 1,5-Liter-PET-Colaflasche
3 100-ml-PET-Flaschen
3 50-ml-PET-Flaschen
Messbecher
Trichter
Briefwaage
3 Teelöffel
2 l destilliertes Wasser (Baumarkt)
Papierbögen (Postkarten-Größe)
Schutzbrille (Baumarkt)

Schutzhandschuhe (Baumarkt, Apotheke)

1 g kaltlösliche Stärke (AppliChem / Sigma-Aldrich; kaltlös-
lich als Feststoff, 1 kg ca. 16 Euro, oder fertige 1-prozentige
Lösung, 500 ml ca. 15 Euro; ggf. in Apotheke)

5 g Iodsäure (AppliChem / Sigma-Aldrich;
    100 g ca. 23 Euro, ätzend, brandfördernd)

1,7 g Natriumhydrogensulfit bzw. Natrium-
    pyrosulfit (AppliChem / Sigma-Aldrich;
    500 g ca. 15 Euro, gesundheitsschädlich)

Durchführung: Schutzbrille und Schutzhandschuhe anziehen!

Zuerst stellen Sie sich drei Stammlösungen her, mit denen
Sie drei Experimente, sprich dreimal die «Zauber-Cola», herstellen können. Zum Einwiegen nehmen Sie die Papierbögen,
die Sie kreuzweise falten.

Stammlösung 1: Wiegen Sie 1 g kaltlösliche Stärke ab und
geben Sie sie mit Hilfe eines Trichters in eine 100-ml-PET-Fla-
sche. Füllen Sie die Flasche mit 100 ml destilliertem Wasser.
Verschließen Sie die Flasche und schütteln Sie sie, damit sich
die Stärke besser löst. Alternativ können Sie auch eine fertige
1-prozentige Stärkelösung verwenden. Beschriften Sie die Flasche mit «1».

Stammlösung 2: Wiegen Sie 5 g Iodsäure ab und geben Sie
sie mit Hilfe eines Trichters in eine 100-ml-PET-Flasche. Füllen Sie die Flasche mit 100 ml destilliertem Wasser. Verschließen Sie die Flasche und schütteln Sie sie um, damit sich die
Iodsäure besser löst. Beschriften Sie die Flasche mit «2».

Stammlösung 3: Wiegen Sie 1,7 g Natriumpyrosulfit ab und
geben Sie es mit Hilfe eines Trichters in eine 100-ml-PET-Fla-
sche. Füllen Sie die Flasche mit 100 ml destilliertem Wasser.
Verschließen Sie die Flasche und schütteln Sie sie, damit sich

das Natriumpyrosulfit besser löst. Beschriften Sie die Flasche mit «3».

Messen Sie nun von Lösung 1 (Stärke) 15 ml ab. Geben Sie diese 15-ml-Stärkelösung in eine 50-ml-PET-Flasche, verschließen Sie die Flasche und beschriften Sie sie mit «Cola 1». Messen Sie von Lösung 2 (Iodsäure) 30 ml ab. Geben Sie diese 30-ml-Iodsäure-Lösung in eine 50-ml-PET-Flasche, verschließen Sie die Flasche und beschriften Sie sie mit «Cola 2». Messen Sie von Lösung 3 (Natriumpyrosulfit) 30 ml ab. Geben Sie diese 30-ml-Natriumpyrosulfit-Lösung in eine 50-ml-PET-Flasche, verschließen Sie die Flasche und beschriften Sie sie mit «Cola 3». Füllen Sie zum Schluss noch 1400 ml destilliertes Wasser in die 1,5-Liter-PET-Colaflasche.

Nun können Sie Ihren Gästen eines der spektakulärsten Experimente der Chemie vorführen. Sie werden ungläubiges Erstaunen, totale Begeisterung und nicht enden wollenden Applaus ernten.

Gießen Sie nacheinander die Cola-Lösungen 1, 2 und 3 in die 1,5-Liter-Colaflasche mit dem destillierten Wasser, verschließen Sie die Flasche und schütteln und schwenken Sie die Flasche ein paarmal kräftig. (Sie können die Stärkelösung 1 auch bereits vorher in die Colaflasche geben, dann müssen Sie bei der Vorführung nur zwei Zutaten hinzufügen.) Halten Sie die Flasche in der Hand und schauen Sie, was passiert. Nach etwa 10 Sekunden erfolgt ein augenblicklicher Farbumschlag von farblos zu schwarz, wie «angeknipst». Innerhalb von Bruchteilen einer Sekunde reagieren hier die Moleküle miteinander. Im Rahmen einer TV-Sendung wurde diese Reaktion mit 24 Bildern pro Sekunde gefilmt. Auf ganzen 4 Bildern war der Umschlag zu sehen!

Auch diese Cola ist leider ungenießbar. Riechen Sie mal dran!

Die Zauber-Cola kann man bedenkenlos im Abwassernetz, sprich WC oder Waschbecken, entsorgen.

Erklärung: Kein echtes Bier, keine echte Cola, aber ein und dieselbe chemische Reaktion. Das Bier ist nichts anderes als Iod in Wasser. Sie kennen sicher Iodtinktur aus der Apotheke, die man sich zur Desinfektion auf Wunden pinselt. Iod in Wasser sieht aus wie Apfelsaft oder Bier. Aber warum dieser plötzliche Farbumschlag von farblos zu gelborange? In Lösung A ist das Iod schon drin, aber «versteckt», wie mit Tarnkappen-Molekülen umwickelt. Das Iod ist in vielen Schichten mit molekularen Hüllen eingewickelt. In Lösung B sind «Fressmonster-Moleküle». Wenn man beide Lösungen zusammengießt, dann fressen die «Fressmonster-Moleküle» die Hüllen nach und nach auf, bis die letzte Hülle weg ist. Das dauert etwa 5 Sekunden. Plötzlich heißt es Vorhang auf, und das versteckte Iod wird sichtbar. Der Bierschaum entsteht durch das Eingießen der beiden Lösungen mit dem Spülmittel.

Bei der Cola passiert genau die gleiche Reaktion wie beim Bier. In Lösung 2 befindet sich das versteckte Iod mit den Hüllen drum herum. Lösung 3 enthält die Fressmonster. Nach etwa 10 Sekunden haben die Fressmonster die letzte Hülle weggeknabbert, und zack – wird das Iod sichtbar. Aber diesmal wird es sofort schwarz. Warum? Weil noch Stärke in der Lösung ist. Stärke und Iod verbinden sich rasend schnell zu einem violettschwarzen Farbstoff, der die 1,5-Liter-Lösung aussehen lässt wie Cola. Sie können hier Molekülen bei der Arbeit zuschauen. Die Zauber-Cola habe ich schon mehr als 1000-mal aufgeführt, und immer noch begeistert mich das Iod-Zeit-Experiment! Ich liebe es! Diese Zeitreaktion mit Iod wurde bereits 1886 von dem Schweizer Chemiker Hans Heinrich Landolt (1831–1910) entdeckt und zu seinen Ehren als «Landoltsche Zeitreaktion» benannt.

Die Iod-Stärke-Farbstoffbildung ist eine sehr bekannte Nachweisreaktion für Stärke in Lebensmitteln. Im Bio-Unterricht sollten Sie das gelernt haben. Simmt's? Stärke ist ein Polyzucker und ein wichtiger Energieträger für unseren Körperstoffwechsel (siehe S. 48). Kaufen Sie sich Iodtinktur in der Apotheke und bestreichen Sie die unterschiedlichsten Lebensmittel damit: Toastbrot, Cornflakes, Müsli, Traubenzucker, oder tauchen Sie eine Spaghetti-Nudel in die Tinktur. Überall dort, wo Stärke enthalten ist, wird es schwarz. Ist keine Stärke enthalten, bleibt das Iod gelbbraun. Die eingetauchte Spaghetti sieht übrigens nach wenigen Minuten aus, als ob sie mit Schokolade überzogen wäre.

....

....

EXPERIMENT: ZAUBER-SOFTEIS

Sie brauchen:
verschließbares Gefäß aus Kunststoff (100 ml)
2 Esslöffel
Eisbecher aus Glas bzw. Glaskelch bzw. schmales Glasgefäß
unempfindliche Unterlage (Karton, Pappe, Folie –
  nur zur Sicherheit)
50 ml Wasserstoffperoxid 3-prozentig
  (Apotheke, leicht reizend)
50 ml frisches Rinder- oder Schweineblut vom Metzger
  oder vom Schlachthof (Fragen Sie einfach in einer Metzgerei nach Schweineblut. Zur Not geht auch Lebersaft.)
Schutzbrille (Baumarkt)
Schutzhandschuhe (Baumarkt, Apotheke)

Durchführung: Schutzbrille und Schutzhandschuhe anziehen!

Geben Sie etwa 30 ml (3 EL) Rinder- oder Schweineblut in ein hohes, schmales Glas oder in einen Eisbecher. Stellen Sie das Gefäß auf eine Unterlage. Gießen Sie etwa die gleiche Menge (30 bis 50 ml) Wasserstoffperoxid dazu. Augenblicklich schäumt das Blut auf und quillt aus dem Glas. Das Blut wird teilweise weiß oder weißbraun und sieht nun aus wie Softeis.

Entsorgen Sie den Schaum im Hausmüll (Restmüll) und spülen Sie das Glas mit Wasser und Spülmittel aus. Benutzen Sie am besten eine Bürste.

Erklärung: Die Umsetzung von Blut mit Wasserstoffperoxid (H_2O_2) ist eine biochemische Reaktion, die täglich millionenfach in Ihrem Körper stattfindet – in winzigem Maßstab natürlich. Blut enthält spezielle Enzyme, die die Aufgabe haben, Gift- und Schadstoffe aus Ihrem Körper zu beseitigen und unschädlich zu machen. Wasserstoffperoxid ist solch ein ätzender Schadstoff, der beim Stoffwechsel ständig entsteht. Äußerlich angewendet, ist Wasserstoffperoxid harmlos und wird u. a. beim Bleichen von Haaren eingesetzt. Im Innern unseres Körpers ist Peroxid allerdings nicht so prickelnd. Damit wir uns nicht von innen her allmählich auflösen, was nicht sonderlich mit dem Leben vereinbar wäre, haben wir spezielle Enzyme überall im Blut, die sogenannten *Katalasen*. Sie spalten ätzendes Wasserstoffperoxid (H_2O_2) in harmloses Wasser (H_2O) und Sauerstoffgas (O_2), und zwar in einem Affentempo. In Weltrekordzeit. Das ist auch nötig, wenn man nicht skelettiert werden möchte. Bei diesem Experiment können Sie den Enzymen bei der Arbeit, die sie täglich in unserem Körper verrichten, zusehen. Der entstehende Sauerstoff bläht das Blut zu einem Blutschaum auf und bleicht es teilweise von rot zu weiß. Feste Peroxide sind übrigens in jedem Vollwaschmittel als «Bleichmittel auf Sauerstoffbasis» enthalten (Natriumperborat, Natriumpercarbonat).

Also, denken Sie bitte beim nächsten Eisdielen-Besuch daran: Sie sind ein wandelnder Eisbecher!

Freizeitchemie – trockener Sand und nasse Badehose

Ich möchte Ihnen zwei interessante chemische Phänomene vorstellen, die beide mit Wasser zu tun haben. Zum einen geht es um den sogenannten magischen Sand, auch «Astro-Sand» genannt, der erstaunlicherweise unter Wasser staubtrocken bleibt, und zum anderen um die nasse Badehose, die in Thailand nicht trocken wird.

EXPERIMENT: MAGISCHER SAND

Sie brauchen:
1 Packung «magischen Sand» (Magic Sand, Spielzeug-Fachgeschäfte, 100 g ca. 10 Euro)
1 großes Glasgefäß (Schüssel, Aquarium)
1 Sandförmchen (z. B. Kuchenförmchen)
saugfähiges Küchenpapier
Wasser

Durchführung: Füllen Sie ein möglichst großes Glasgefäß fast randvoll mit Wasser und schütten Sie eine Handvoll magischen Sand hinein. Der käufliche magische Sand ist nicht naturfarben, sondern stets angefärbt, damit man ihn von normalem Sand gut unterscheiden kann. Die Farbe spielt für unser Experiment aber keine Rolle. Unter Wasser zieht der magische Sand bizarre Formen und sieht silbrig glänzend aus. Tauchen Sie Ihre Hand unter Wasser und holen Sie etwas von dem Sand heraus. Sobald der Sand in Ihrer Hand die Wasseroberfläche durchbricht, ist er staubtrocken. Sie können ihn aus Ihrer Hand rieseln lassen. Manchmal bilden sich auf der Oberfläche kleine «Sandinseln». Nehmen Sie nun ein Sandförmchen – am besten ein Kuchenförmchen – und füllen Sie es randvoll mit magischem Sand. Tauchen Sie es unter Wasser und stürzen Sie den enthaltenen Sandkuchen auf Ihre andere Hand um. Sie können den Sandkuchen verformen, indem Sie ihn mit Ihren Fingern kneten. Er fühlt sich auch ein bisschen an wie Knetmasse. Die silbrig glänzende «Haut» des Sandes ist unter Wasser immer zu sehen.

Wenn Sie mit dem Experimentieren fertig sind, gießen Sie das Wasser behutsam aus dem Gefäß ab, sodass der feste Sand übrig bleibt – der Chemiker spricht von «dekantieren». Zur Aufbewahrung sollte der Sand möglichst ganz trocken sein. Obwohl der Sand selbst nicht nass ist, müssen Sie ihn trotzdem mit Küchenpapier gründlich abtupfen, weil sich zwischen den Sandkörnchen kleine Wasserkügelchen ansammeln.

Erklärung: Magischer Sand ist herkömmlicher Sand, der jedoch chemisch behandelt wurde. Normaler Sand kann sich mit Wasser verbinden, da die Oberfläche eines jeden Sandkörnchens wasserliebende – sogenannte hydrophile – Molekülstrukturen aufweist. Sand besteht hauptsächlich aus Silicium und Sauerstoff, die als SiO_4-Tetraeder über ihre Ecken zu einem großen Kristall verbunden sind. Über Wasserstoffbrücken können Wassermoleküle eine gewisse Bindung an den

Sauerstoff auf der Sandoberfläche eingehen, sodass feuchte oder nasse Sandkörner mit einer Wasserschicht benetzt sind. Diese hauchdünne Wasserhaut hält die vielen Sandkörnchen durch Adhäsionskräfte zusammen.

Beim magischen Sand dagegen wurde jedes Sandkörnchen mit einer wasserabweisenden – sogenannten hydrophoben – Silikonschicht benetzt. Chemisch gesehen ist Silikon ein Polyorganosiloxan. Ähnlich den Kunststoffen bestehen Siloxane aus einer langen Kette aus Silicium und Sauerstoff. Am Silicium hängen zusätzlich noch zwei kleinere Kohlenwasserstoff-Grüppchen, wie z. B. Methyl-Gruppen (-CH$_3$). Diese Kohlenwasserstoff-Gruppen sind absolut wasserabweisend und können sich überhaupt nicht mit Wasser durch Wasserstoffbrücken verbinden. Durch eine chemische Reaktion mit reaktiven Dimethylchlorsilanen wird der magische Sand hergestellt. Für den hydrophoben Effekt ist es bedeutsam, dass möglichst die gesamte Oberfläche eines jeden einzelnen Sandkörnchens mit Siloxan irreversibel beschichtet ist. Der Herstellungsaufwand spiegelt sich deutlich in den Kosten wider. Den wasserabweisenden Effekt kann man sich so vorstellen, als ob man auf einer trockenen Wasserrutsche ohne Wasser mit einer trockenen Badehose herunterrutschen will. Das klappt überhaupt nicht. Man bleibt quasi stecken. Silikonsand verhält sich zu Wasser wie zwei gleich gepolte Magnete: Abstoßung. Der silikonbeschichtete magische Sand benetzt sich viel lieber mit Luft als mit Wasser. Die silbrig glänzende Schicht rührt genau daher, dass sich die einzelnen Sandkörnchen mit einer hauchdünnen Luftschicht umhüllen, sobald sie mit Wasser in Berührung kommen. Das silberglänzende Aussehen kennen Sie von Luftblasen, die unter Wasser sind, wie z. B. bei einer Wasserspinne oder bei den Gasbläschen bei Mineralwasser oder Sekt. Unter Wasser ist der Schichtaufbau beim Sand wie folgt: Sandkörnchen, hauchdünne Lufthülle um und zwischen allen Körnchen, Wasser. Letztlich «schützt» die Luftschicht die Sandkörnchen vor dem Wasser. Die Körnchen treffen niemals auf das Wasser und bleiben daher staubtrocken. Der Sandkuchen aus dem Förmchen wird unter Wasser durch den von allen Seiten wirkenden Druck des Wassers zusammengehalten. Das ist auch der Grund, warum man alle möglichen Gebilde mit dem Sand unter Wasser formen kann. Aus dem Wasser genommen, fällt die Sandskulptur augenblicklich in sich zusammen.

....

Ich frage mich, was passieren würde, wenn z. B. der gesamte Strand im Urlaub aus magischem Sand bestehen würde? Keine Tröpfel- und Sandburgen mehr, keine allabendlich beleuchteten Sandskulpturen mehr, keine tiefen Löcher, in die man beim Abendspaziergang stürzen könnte, keine kreischend-fröhlichen Kinder mit ihren Schippen, und auch die Wattwürmer und Sandklaffmuscheln hätten nichts mehr zu lachen. Eine Meereswüste.

Es gab einmal Überlegungen, hydrophoben Sand auch technisch anzuwenden. Die Oberfläche der Sandkörnchen ist zwar absolut wasserabweisend, aber gleichzeitig für Öle absolut anziehend. Denn wer das Wasser nicht mag, der mag das Fett und umgekehrt. Daher könnte man versuchen, auf dem Meer ausgelaufenes Erdöl nach einem Tankerunglück mit Hilfe des hydrophoben, aber lipophilen magischen Sandes zu binden.

Diesen Sand-bindet-Öl-Effekt kann man in einem einfachen Experiment sichtbar machen. In ein mit Wasser gefülltes Becherglas wird Pflanzenöl (Salatöl) hineingegossen. Das gelbe Öl schwimmt natürlich auf der Wasseroberfläche wie ein fieser Ölteppich. Dann gibt man löffelweise magischen Sand hinzu und rührt das Ganze «wellenartig» um. Das Ergebnis ist verblüffend. Beinahe das gesamte Öl wird vom Sand aufgenommen und gebunden. Die Sand-Öl-Klumpen sinken auf den Boden des Becherglases.

Magischer Sand wäre also tatsächlich in der Lage, Erdöl zu binden, allerdings gibt es zwei Nachteile: Zum einen wäre das Öl zwar von der Oberfläche verschwunden und viele Tiere und Strände könnten vor Verschmutzung geschützt werden, dafür aber würden sich auf dem Meeresgrund tonnenschwere Öl-Sand-Klumpen tummeln. Zum anderen ist hydrophober Sand extrem teuer, und man benötigt zur Ölbindung viele tausend Tonnen. Die Kosten wären astronomisch und stünden in keiner Relation zum Resultat.

Warum trocknet die Badehose draußen an der Luft?

Die Sache mit dem magischen Sand führt mich direkt zu der Frage, warum nasse Wäsche auf der Wäscheleine draußen an der Luft oder auch im Flur trocken wird, egal, ob die Sonne scheint oder ob es bedeckt ist, ob es windig ist oder windstill. Denn normalerweise verdampft Wasser bekanntlich erst bei einer Temperatur von 100 °C, und trocken werden heißt ja nichts anderes, als dass das Wasser in die Gasphase übergeht und aus der Badehose bzw. Wäsche «verschwindet».

Wie bereits im ersten Kapitel (siehe S. 32 ff.) ausgeführt, herrschen in der Welt der Moleküle ständig und überall Gleichgewichte. Keine Reaktion geht nur in die eine Richtung, es gibt keine chemischen Einbahnstraßen. Jede Flüssigkeit liegt im Gleichgewicht mit ihrem Dampf, das heißt mit ihren verdampften Molekülen. Egal, ob Wasser, Alkohol, Benzin oder Heizöl. Im geschlossenen System, in einem Kreislauf, in einem Behälter stellt sich bei konstanter Temperatur und gleichbleibendem Druck ein für jede Substanz naturgegebenes Gleichgewicht ein. Bei Wasser stellt sich also ein bestimmtes Gleichgewicht zwischen flüssig und gasförmig ein. Dabei gelangen immer einige Wassermoleküle aus der Wasseroberfläche heraus und bilden Wasserdampf. Durch zufällige Stöße von mehreren benachbarten Molekülen in der Flüssigkeit kann es passieren, dass so viel Energie auf ein einzelnes Molekül übertragen wird, dass es in die Gasphase «abhaut». Jede Flüssigkeit hat ihren spezifischen Dampfdruck. Würde man z. B. Ethanol (den klassischen Alkohol) in eine verschlossene Flasche einsperren, dann würde sich ein Gleichgewicht zwischen den Molekülen in der Flüssigkeit und den Molekülen als Dampf (Gas) einstellen. Es gelangen aber auch immer Moleküle aus der Gasphase in die Flüssigkeit, weil die gasförmigen Moleküle beispielsweise gegen die Wand stoßen, ihre Energie verlieren und schließlich zu Flüssigkeit kondensieren. Man spricht daher von einem «dynamischen Gleichgewicht».

Bei einer Raumtemperatur von 20 °C liegt der Ethanol-Dampfdruck bei etwa 9 Kilopascal (kPa = 0,09 bar), entsprechend 9 Prozent des atmosphärischen Normaldrucks auf der Erde, der 101,3 kPa (= 1,013 bar) beträgt. Bei Diethylether (dem klassischen Äther) läge der Dampfdruck bei 20 °C schon bei 50 kPa (0,5 bar). Bei Wasser misst man bei 20 °C lediglich 5 kPa (0,05 bar) Dampfdruck. Der Dampfdruck steigt mit zunehmender Temperatur. Je höher die Temperatur, desto mehr Molekülstöße ereignen sich, desto mehr energiereiche Moleküle liegen vor, die in den Gaszustand überwechseln können. Diethylether hat einen so hohen Dampfdruck, dass er bereits bei 34 °C komplett als Dampf vorliegt. Beim Ethanol ist bei 60 °C schon die Hälfte aller Moleküle gasförmig, und bei 78 °C siedet Alkohol. Bei 50 °C steigt der Dampfdruck von Wasser auf 0,123 bar. Um bei Wasser die Hälfte aller Moleküle zu verdampfen, benötigt man eine Temperatur von etwa 80 °C, bei 100 °C kocht Wasser, und alle H_2O-Moleküle gehen als Wasserdampf mit einem Dampfdruck von 1,013 bar in die Luft. Merke: Der Siedepunkt einer Flüssigkeit ist definiert als die Temperatur, bei welcher der Dampfdruck der Flüssigkeit genauso groß ist wie der äußere Druck.

In einem geschlossenen System wie beim Alkohol in einer verschlossenen Flasche bleibt das dynamische Gleichgewicht immer konstant. Nun kann man an gewissen Stellschrauben dieses Gleichgewicht beeinflussen bzw. in eine bestimmte Richtung verschieben. Entweder durch Temperaturerhöhung der Flüssigkeit oder durch Entzug des Dampfes.

Erhitze ich die Flasche mit dem Alkohol auf über 80 °C, dann würde der Dampfdruck so groß werden, dass die Flasche explodiert. Durch Temperaturerhöhung erhält man immer mehr Dampf, mehr Gas. Öffne ich dagegen die Flasche mit dem Alkohol, befindet sich der Alkohol nicht mehr im geschlossenen, sondern in einem offenen System, das heißt, die Flüssigkeit steht in Verbindung mit der Atmosphäre. Dem Gleichgewicht wird der Ethanoldampf kontinuierlich entzogen, weil der Dampf weit in die Luft verteilt wird und dem System für immer verlorengeht. Somit schreitet die Verdampfung immer weiter fort. Wenn eine Flüssigkeit in einem offenen System stetig verdampft, entweder durch Energiezufuhr oder durch Dampfentzug, spricht man von Verdunstung.

Das Trocknen Ihrer Wäsche an der frischen Luft ist nichts anderes als ein Entzug des Wasserdampfes, also eine Verdunstung. Aus Chemikersicht also ein gestörtes Gleichgewicht. Bei nasser Wäsche bildet sich hingegen – egal, bei welcher Temperatur – immer ein Gleichgewicht aus. Bei 20 °C gehen etwa 5 Prozent der Wassermoleküle als Wasserdampf aus den T-Shirts raus, bei 40 °C sind es etwa 12 Prozent und bei 60 °C ca. 30 Prozent. Da der Wasserdampf kontinuierlich in die Luft abgegeben und von ihr sogar aufgenommen wird, kommt es zu einem stetigen Nachschub an Dampfdruck. Das Gleichgewicht will sich ständig neu einstellen und liefert daher den entsprechenden Dampf. Deshalb trocknet Ihre Wäsche auch bei nur 20 °C. Das dauert dann zwar etwas länger, weil der Dampfdruck so gering ist, aber Ihre Hemden werden irgendwann trocken sein. In der Luft ist genügend Platz, um allen Wassermolekülen Asyl zu gewähren. Scheint die Sonne auf Ihre nasse Wäsche, kommt es zu einer Temperaturerhöhung. Dies zieht einen höheren Dampfdruck nach sich, sodass die Klamotten schneller trocknen als bei bewölktem Himmel. Auch Wind beschleunigt das Trocknen, weil er zusätzlich den Entzug des Dampfes weg von der Flüssigkeit verstärkt.

Und was passiert, wenn es regnet? Dann wird der Ausgangszustand des Gleichgewichts wiederhergestellt, und die Verdunsterei beginnt von neuem. Fazit: Auch bei schlappen 20 °C trocknet die Wäsche draußen wie drinnen, sogar ohne Sonnenschein. Bei Wärmeeinwirkung wie Sonnenlicht wird die Wäsche noch schneller trocken.

Als ich vor einigen Jahren mit meinen Shows in Thailand gastierte und mich an einem Tag auf der Sonneninsel Koh Samui in die warmen Fluten stürzte, machte ich jedoch eine seltsame Beobachtung. Obwohl es zu dieser Jahreszeit (März) über 30 °C heiß war und die Sonne grell am blauen Himmel schien, wollte meine nasse Badehose, die ich zum Trocknen neben die Liege gelegt hatte, einfach nicht trocken werden. Auch nach zwei Stunden war die Badehose noch immer klatschnass. Trotz der Hitze. An der Nordsee oder in Spanien wäre sie schon ewig trocken gewesen. Warum klappte das auf Koh Samui nicht? Des Rätsels Lösung: Die Luftfeuchtigkeit oder, genauer gesagt, der Wasserdampfdruck auf Koh Samui bzw. in Thailand ist so extrem hoch, dass kein Dampfentzug aus meiner Badehose mehr möglich war. Die Luft war bereits voll abgesättigt mit Wasserdampf. Das dynamische Gleichgewicht tritt sozusagen auf der Stelle. Das ist dann so, als ob man sich in einem riesigen geschlossenen System aus Flüssigkeit und Dampf befindet, nicht in einer Flasche, sondern auf einer ganzen Insel, in einem ganzen Land.

Das Gleichgewicht wird gestört, und Schnee schmilzt durch Streusalz – Gefrierpunktserniedrigung und Siedepunktserhöhung

Ich möchte gerne noch einmal auf den Dampfdruck einer Flüssigkeit näher eingehen. Denn eine gezielte Störung des Gleichgewichts führt zu sehr praktischen Auswirkungen. Wenn man eine reine Flüssigkeit wie Wasser oder Alkohol (Ethanol) stetig erhitzt, dann steigt der Gleichgewichtsdampfdruck steil an. Solange der äußere, atmosphärische Druck von 1,013 bar größer (und damit stärker) ist als der Dampfdruck der Flüssigkeit, können sich noch keine Dampfblasen ausbilden. Erst wenn der Dampfdruck der Flüssigkeit dem Atmosphärendruck gleich wird, formen sich innerhalb der Flüssigkeit Dampfblasen, und es blubbert und sprudelt heftig. Die Flüssigkeit kocht bzw. siedet. Bei Wasser beträgt die Siedetemperatur genau 100 °C. Jede weitere Energiezufuhr erhöht die Temperatur des Wassers nicht mehr, sondern wird ausschließlich – als sogenannte Verdampfungswärme – dazu verwendet, alle Wassermoleküle aus der Flüssigkeit in die Dampfphase zu «schieben».

Auf der 2962 Meter hohen Zugspitze herrscht ein Außendruck von rund 0,7 bar, also nur etwa 70 Prozent des Normaldrucks. Folglich wird dort erhitztes Wasser bereits bei einem Dampfdruck von 0,7 bar anfangen zu kochen. Und tatsächlich: Wasser muss auf der Zugspitze auf nur 90 °C erhitzt werden, damit das große Blubbern beginnt. Der Vorteil ist, dass man nicht so lange warten muss, bis das Wasser kocht. Der Nachteil: Eier brauchen z. B. eine halbe Ewigkeit, um hart gekocht zu werden.

Der umgekehrte Fall tritt ein, wenn man beispielsweise Gemüse im Drucktopf gart. Im Drucktopf kann ein Druck von bis zu 4 bar herrschen. Da nun der «äußere» Druck für das im Drucktopf befindliche Wasser sehr viel höher liegt als der Normaldruck von 1,013 bar, wird die Temperatur des Wassers so weit über die 100 °C steigen, bis der Gleichgewichtsdampfdruck auch 4 bar erreicht hat. Das ist bei etwa 135 °C der Fall. Bedingt durch die erhöhte Temperatur, werden die Kochvorgänge stark beschleunigt, und das Essen steht schneller auf dem Tisch.

Noch interessanter wird es, wenn man nicht die reine Flüssigkeit nimmt, sondern eine Lösung betrachtet. Löst man in einem Lösungsmittel wie Wasser eine nichtflüchtige, feste Substanz, beispielsweise Zucker oder Kochsalz, spricht der Chemiker von einer Lösung. Die gelösten Teilchen (Moleküle, Atome) stören die Ausbildung des Dampfdruckgleichgewichts des reinen Lösungsmittels. Bei einer Zuckerwasserlösung «ecken» die Wassermoleküle umso häufiger an die Zuckermoleküle an, je mehr Zucker enthalten ist. Bei solchen Zusammenstößen geben energiereiche Wassermoleküle ihre Energie an die Zuckermoleküle ab, die aber selber nicht verdampfen können. Folglich kommen weniger Wassermoleküle aus der flüssigen Phase heraus, was eine Erniedrigung des Dampfdrucks nach sich zieht. Salopp formuliert: Eine Verunreinigung eines Lösungsmittels wirkt wie eine Verdünnung und setzt so dessen Dampfdruck herab. Fazit: Das Gleichgewicht zwischen Dampf und Flüssigkeit stellt sich bei einem niedrigeren Dampfdruck ein als bei der reinen Flüssigkeit. Die Graphik auf der nächsten Seite soll die Verhältnisse nochmals verdeutlichen.

Die Dampfdruckkurve der Lösung (z. B. Kochsalz in Wasser) liegt unterhalb der Dampfdruckkurve des reinen Lösungsmittels (z. B. Wasser). Je mehr Teilchen gelöst sind, desto niedriger der Dampfdruck. Die Dampfdruckerniedrigung hat deutliche

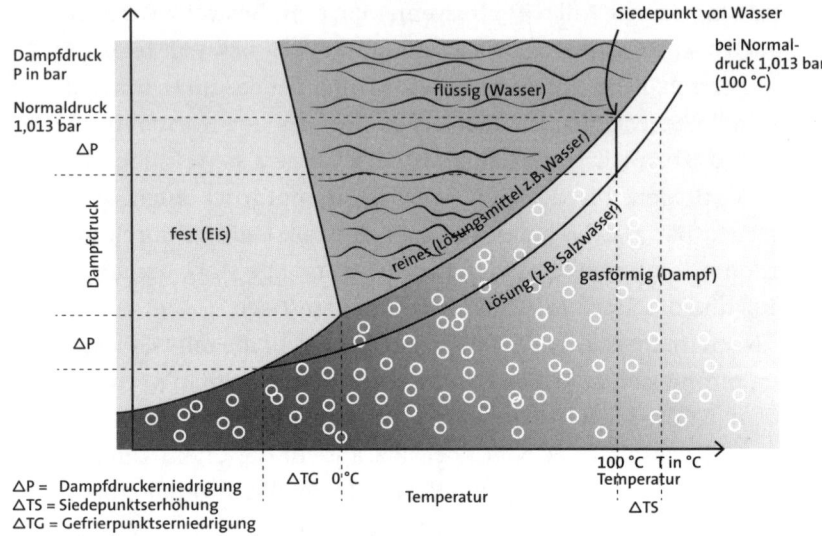

Siedepunkt von Wasser

Dampfdruck
P in bar

bei Normal-
druck 1,013 bar
(100 °C)

Normaldruck
1,013 bar

ΔP

flüssig (Wasser)

Dampfdruck

fest (Eis)

reines (Lösungsmittel z.B. Wasser)

Lösung (z.B. Salzwasser)

gasförmig (Dampf)

ΔP

100 °C T in °C
Temperatur

ΔP = Dampfdruckerniedrigung
ΔTS = Siedepunktserhöhung
ΔTG = Gefrierpunktserniedrigung

ΔTG 0 °C

Temperatur

ΔTS

Dampfdruck-Diagramm von Wasser

Auswirkungen sowohl auf den Siedepunkt als auch auf den
Gefrierpunkt des reinen Lösungsmittels. Wenn man z.B. 1 Mol,
also 58 Gramm Kochsalz (Natriumchlorid) oder 2 Mol, also
360 Gramm Traubenzucker, in einem Liter Wasser auflöst, erhöht sich die Siedetemperatur (Kochpunkt) um 1 °C auf 101 °C.
Testen Sie doch mal zu Hause die Dampfdruckerniedrigung
bzw. die Siedepunktserhöhung in der Küche aus. Wenn Sie in
kochendes Wasser einen Esslöffel Kochsalz hinzufügen, hört
das Sieden sofort auf. Die Natrium- und Chloridteilchen ver-
mindern das Entfliehen von Wassermolekülen als Dampf. Erst
bei höherer Temperatur gleicht sich der Dampfdruck dem atmosphärischen Druck wieder, an und das Salzwasser beginnt
erneut zu kochen.

Für den Alltag wesentlich wichtiger ist der Effekt der Gefrierpunktserniedrigung. Anschaulich könnte man sagen, dass die

gelösten Zucker- oder Salzteilchen das Festwerden, das Gefrieren, was nichts anderes bedeutet, als eine sehr geordnete Struktur einzunehmen, stören und behindern. Auch hierbei herrscht ein Gleichgewicht zwischen Schmelzen und Gefrieren. Erst bei tieferen Temperaturen schaffen es die Wassermoleküle, sich zu einem festen Eiskristall – zusammen mit der Verunreinigung – zu verbinden. Lassen Sie mich drei Beispiele aus dem Alltag nennen. Meerwasser ist eine Lösung aus Salz und Wasser und somit einer Dampfdruckerniedrigung gegenüber reinem Wasser unterworfen. Dies macht sich in einer Gefrierpunktserniedrigung von minus 2 °C bemerkbar. Das Meer beginnt also erst ab minus 2 °C einzufrieren. Wenn wir im Winter die vereisten oder verschneiten Gehwege und Straßen mit Salz streuen, dann bewirken die Natrium- und Chlorid- (und andere Salz-)Teilchen eine Gefrierpunktserniedrigung, und das Eis bzw. der Schnee beginnt zu schmelzen (zu einer Salzlösung). Früher wurden mit einer Mischung aus zerstoßenem Eis und Salz Kältemischungen hergestellt, um z. B. Speiseeis zu produzieren oder um Lebensmittel und Getränke zu kühlen. Ethylenglykol wird als Gefrierschutz im Autokühler und im Scheibenspritzwasser zugemischt. Das Wasser gefriert dadurch erst bei etwa minus 20 °C. Auf der anderen Seite verursacht der Zusatz im Kühlmittel an heißen Sommertagen eine erwünschte Siedepunktserhöhung.

Schauen Sie sich die Dampfdruck-Graphik nochmals in aller Ruhe an, um sich die einzelnen Erniedrigungen bzw. Erhöhungen klarzumachen.

Chemie auf der Straße

Sie sind geschäftlich unterwegs oder fahren in den Urlaub. Auf der Autobahn überholen Sie ab und zu Gefahrguttransporte, also jene Laster mit runden Tanks, auf denen orangefarbene Warntafeln, die sogenannten Gefahrentafeln, hinten angebracht sind. Auf den Tafeln stehen lauter Zahlen, die aussehen wie überdimensionale Brüche. Meistens sind zwei- oder dreistellige Zahlen im «Zähler», und im «Nenner» steht eine vierstellige Zahl. Damit Sie nicht sofort wissen, welchen gefährlichen Inhalt Sie da gerade überholen, sind keine Namen der Chemikalien aufgelistet, sondern nur Zahlencodes.

Dabei sagt der «Zähler» etwas über die Gefahrstoffklasse und die Gefährlichkeit der Substanz und der «Nenner» über den tatsächlichen Namen der Verbindung aus. Es handelt sich meistens um Flüssigkeiten oder Gase.

In diesem Abschnitt erfahren Sie etwas, was Sie vielleicht gar nicht so genau wissen wollen. Also überlegen Sie sich es gut, ob Sie den folgenden Absatz nicht überschlagen wollen.

Die 9 weltweit geltenden Gefahrstoffklassen:

1: Explosivstoffe

2: Gas (verdichtet)

3: entzündliche Flüssigkeit oder entzündliches Gas

4: entzündlicher Feststoff

5: brandfördernder Stoff

6: giftiger Stoff

7: gibt es nicht, weil sie zu leicht mit einer 1 verwechselt werden könnte

8: ätzende Substanz

9: umweltgefährdender Stoff

Die erste Ziffer im Zähler bezeichnet die Gefahrgutklasse von 1 bis 9 (siehe Tabelle). Die zweite Ziffer gibt eine zusätzliche Gefahr von 0 bis 9 an: 0 bedeutet «keine zusätzliche Gefahr», eine 3 «entzündlich», eine 5 «brandfördernd» und eine 8 «ätzend». Beispiele: Benzin hat die Nummer 33, Heizöl oder Diesel die Nummer 30 und Sauerstoff die 225. Im «Nenner» steht die sogenannte UN-Nummer. Sie ist universell und gilt in fast allen Staaten der Welt, sodass internationale Gefahrguttransporte relativ unbürokratisch abgewickelt werden können. Heizöl bzw. Diesel trägt die UN-Nummer 1202,

Benzin die Nummer 1203 und flüssiger Sauerstoff die 1073. Im Internet können Sie für jede beliebige chemische Substanz die entsprechende UN-Nummer problemlos finden. Bei meinen zahlreichen Autobahnfahrten begegne ich vor allem Benzin, Heizöl, Sauerstoff, flüssigem Wasserstoff (223 / 1966), flüssigem Propan-Butan-Gas (23 / 1965), Wasserstoffperoxid (58 / 2014) und Methanol (336 / 1230). Kleiner Tipp: Falls Sie mal die UN-Nummer 0072 sehen, sollten Sie Ihren Überholvorgang schnellstmöglich abschließen. 0072 ist nämlich die Nummer für Hexogen, einen hochbrisanten Sprengstoff, stärker als Dynamit.

ZUSAMMENFASSUNG

Sowohl die Fluoreszenz als auch die Phosphoreszenz sind Leuchtphänomene, bei denen Licht aufgenommen wird. Bei der Fluoreszenz wird das Licht sofort wieder abgegeben, bei der Phosphoreszenz wird das Licht zeitlich verzögert abgestrahlt. Die Chemolumineszenz hat dagegen mit Lichtaufnahme nichts am Hut, sondern das Leuchten ist das Resultat einer chemischen Reaktion.

Wenn der Dampfdruck einer Flüssigkeit ständig an die Luft abgegeben wird, spricht man von Verdunstung. Beim Wäschetrocknen und beim Blutalkoholtest spielt der Dampfdruck eine ebenso entscheidende Rolle wie beim Salzstreuen im Winter. Die scheinbar banale Tatsache, dass Sand nass sein kann, erhält erst dann eine größere Bedeutung, wenn man ihn mit hydrophobem Sand vergleicht. Falls Sie sich einfach nur an unterhaltsamen Party-Tricks erfreuen wollen, dann haben Sie in diesem Kapitel eine ganze Palette der spektakulärsten Chemie-Experimente an die Hand bekommen.

Rätselfragen des Alltags

1. Zu welchem Phänomen gehört das Leuchten mittels UV-Licht in der Disco?
a) zur Fluoreszenz
b) zur Phosphoreszenz
c) zur Transzendenz

2. Bei welcher Temperatur siedet Ethanol (Alkohol) auf der Zugspitze?
a) bei 78 °C
b) oberhalb 78 °C
c) unterhalb 78 °C

3. Wie hoch wurde die bis dato höchste Sandskulptur der Welt gebaut?
a) 9 Meter
b) 13 Meter
c) 24 Meter

(Lösungen siehe S. 256)

Literatur

A. Korn-Müller / A. Steffensmeier: *Das verrückte Chemie-Labor*, Sauerländer Verlag, Mannheim 2010
A. Korn-Müller / A. Steffensmeier: *Funkenregen, Stinkbombe, Zuckerblitz*, Sauerländer Verlag, Mannheim 2010

Brenzlige Moleküle – Faszination Feuer

5.

* * *

Was wäre der Mensch ohne Feuer? Seit seiner Entdeckung ist Feuer der wesentlichste Partner des Menschen. Seine Herstellung sowie der kontrollierte Umgang damit war und ist in der Entwicklung der Menschheit von beispielloser Wirkung und Tragweite. Der Wandel, der sich mit Hilfe des Feuers vollzog, betraf alle Lebensbereiche und brachte dauerhaft ein Mehr an Wohlstand, Kultur und Lebensstandard. Mit Hilfe des Feuers konnte insbesondere die fleischhaltige Nahrung der frühen Menschen erstmals so verändert werden, dass sie besser und leichter verwertbar war. Auch wurde und wird Feuer benutzt, um Licht und vor allem Wärme zu erzeugen – ein Fortschritt, der in seiner Bedeutung für den Menschen kaum zu überschätzen ist. Schon die pfiffigen Römer hatten die Unterbodenheizung erfunden, mit der sie auch ihre geliebten öffentlichen Badehäuser wärmten.

Fast jeder Haushalt in Deutschland verbrennt Energieträger wie Heizöl, Erdgas oder Holzpellets, um wertvolle Wärme zu erzeugen. Früher wurde das Essen am offenen Feuer gebraten, gekocht, gegart und gebacken. Heutzutage nehmen wir dazu den Elektroherd. Aber auch der elektrische Strom, ohne den der moderne europäische Homo sapiens sapiens nicht mehr existieren könnte, ist letztlich nur ein Produkt des Feuers, das Produkt einer Verbrennung.

Unsere Kraftwerke benötigen große Hitze, um Unmengen an Wasserdampf zu erzeugen, der wiederum gewaltige Turbinen bzw. Generatoren antreibt. Trotz Solar- und Windenergie werden die Brennkraftwerke auf unserem Globus so schnell nicht verschwinden. Allein die Metallindustrie stünde ohne Energiegewinnung völlig auf dem Schlauch. Da geht gar nichts ohne Feuer!

Bei allem Fortschritt, den wir bis heute erzielt haben, ist und bleibt Feuer für den Menschen auch ein faszinierendes Element. Ein romantisches Lagerfeuer am See im Sommer, das knisternde Feuer zu Hause im offenen Kamin im Winter – es ist nicht nur seine wärmende Kraft, die uns anzieht. Feuer zeigt so viele Facetten, dass es für manche sogar etwas Magisches, Geheimnisvolles an sich hat. Doch schon in der Redensart vom «Spiel mit dem Feuer» wird deutlich, wie bedrohlich es auch sein kann: Blitze oder Vulkanausbrüche und verheerende Brände zeigen seine immense zerstörerische Kraft.

Chemisch gesehen ist Feuer nichts anderes als verbrennende Moleküle, und in diesem Kapitel geht es darum, zu klären, was eine Verbrennungsreaktion ist, wie man Feuer «herstellen» kann, warum Feuer heiß ist und wie man es wieder löschen kann.

Feuerunfälle – «Ist denn schon mal was passiert??»

Bevor ich zum eigentlichen Thema komme, möchte ich kurz von meinen ganz persönlichen Feuererlebnissen aus meiner Show berichten.

Vor und nach meinen Vorstellungen werde ich von Journalisten und auch von Schülern immer wieder – meist mit einem höhnischen Lächeln auf den Lippen – gefragt: «Ist Ihnen denn auch schon mal was passiert in der Show?» Ja, ist es, mehrmals sogar. Insbesondere Schüler können sich vor Schadenfreude kaum mehr einkriegen, wenn ein Chemie- oder Physik-Experiment danebengeht, abgeht, gar nicht geht, etwas dabei kaputt- oder sogar in die Luft geht. Lautstarkes Grölen, maßlose Heiterkeit, Zugabe-Rufe. Nein, Chemie- und Physik-Lehrer sind nicht zu beneiden. Hier nun also meine schönsten bzw. spektakulärsten Feuer-Hits, chronologisch geordnet.

Ballon-Explosion – Hindenburg-Katastrophe in meiner Hand

Obwohl ich Chemiker bin und mich mit Stoffgemischen gut auskenne, hätte ich es nie für möglich gehalten, dass die 150 Millionen Kilometer entfernte Sonne mir feuermäßig ordentlich in die Show-Suppe spucken könnte. Ausgerechnet im Garten eines Berliner Bundesministeriums hatte ich an einem heißen Augustwochenende eine Open-Air-Show. Es war «Tag der offenen Tür», und es herrschte höchste Sicherheitsstufe. «Ja, ja, da passiert nichts!» Ich war gerade dabei, die Show-Experimente vorzubereiten und «scharf zu stellen». Dazu gehörte eine Mischung aus Sägemehl und Natriumperoxid, einer Substanz, die mit wenigen Wasserspritzern so heiß wird, dass sie sich mit mächtiger Stichflamme entzündet. Diese Mischung befand sich in einem Tonuntersetzer mit Tondeckel drauf und stand auf einer schwarzen Keramikplatte. Was mir in diesem Moment nicht bewusst war: Auch Hitze kann diese Mischung zur Entzündung bringen. Ich war mit einem Kollegen gerade dabei, den mit Wasserstoffgas gefüllten Luftballon an einer hochentzündlichen «Pyroschnur» (Schießbaumwolle) anzuknoten. Da schlug die Sonne zu: Die Sägemehlmischung entzündete sich plötzlich, ich sah heftige Stichflammen seitlich aus dem Gefäß zischen. Doch ehe ich kapierte, was los war, fing die etwa zwei Meter lange Pyroschnur Feuer und brannte augenblicklich bis zum Ballon, den mein Kollege und ich in unseren Händen hielten. Dann sah ich nur noch einen einzigen Feuerball vor meinen Augen. Die ganze Kettenreaktion dauerte nur zwei Sekunden. Uns ist aber zum Glück nichts Schlimmes passiert. Augenbrauen und Haare versengt und an den Handgelenken Verbrennungen ersten Grades (rot, wie Sonnenbrand). Was habe ich daraus gelernt? Beide Experimente kommen nicht mehr gleichzeitig in meiner Show zum Einsatz, und wenn, dann nur mit entsprechendem Abstand, keine schwarzen Unterlagen mehr – und nie wieder Open-Air-Vorstellungen im Sommer.

Deko-Crash im Europa-Park

Seit 2004 trete ich regelmäßig bei den «Science Days» in der Medienhalle in Rust bei Freiburg auf. In einem Jahr passierten gleich zwei Unglücke in einer einzigen Show. Der mit Wasserstoffgas gefüllte Luftballon löste sich von seiner Fesselschnur und machte sich in Richtung Decke selbständig, was nicht weiter schlimm gewesen wäre, wenn da nicht noch die bereits brennende Pyroschnur am Ballon gebaumelt hätte. Die «Zündschnur» fraß sich unaufhaltsam zum Ballon hin, der bereits unter der Seidenstoffdeko hängengeblieben war. Bis zur Explosion des Ballons überlegte ich fieberhaft, ob der Stoff da oben schwer entflammbar sein könnte. Er war es nicht. Die Feuerwolke fraß ein sichtbares Loch in den blauen Stoff.

Das war gleich der Anfang meiner Show gewesen. Und das Ende der Show gab dem Dekostoff dann den Rest. Mein finaler «Bühnenknall» aus Magnesium und Kaliumperchlorat, für dessen Zündung man einen Sprengschein nach § 7 SprengG haben muss, war so heftig, dass die Druckwelle die 10 Meter lange, nur mit Magneten befestigte Seidenstoffbahn komplett von der Decke löste. Wie für eine perfekte Bühnenshow inszeniert, segelte der tiefblaue glänzende Seidenstoff herab und legte sich genau über meinen Experimentiertisch. Die Dekoseide begrub alle Experimente unter sich, und während die Zuschauer grölend applaudierten, überlegte ich wiederum fieberhaft, ob sich unter dem Tuch noch irgendwelche heißen Gemische oder Geräte befanden – zum Glück war das nicht der Fall. Seit diesem Zwischenfall nennt man mich dort nur noch den «Tsunami der Medienhalle». Aber jetzt geht's endlich zur Sache: Feuer!

Was bedeutet Verbrennung?

Feuer bedeutet stets Verbrennung, und Verbrennung heißt immer Sauerstoffaufnahme. Eine chemische Reaktion, bei der sich ein Stoff mit Sauerstoff verbindet, nennt man Oxidation (oxygenium, lat./griech.: Sauerstoff). Dabei wird der Brennstoff, der meist aus Kohlenstoff, Wasserstoff und/oder Stickstoff besteht, oxidiert, das heißt mit Sauerstoff «angereichert». Bei jeder Oxidation mit Sauerstoff wird Energie abgegeben, im Ofen, vom Lagerfeuer, von Verbrennungsmotoren, bei der Heizung.

Auch sämtliche energieliefernden Prozesse im menschlichen Körper und in allen Lebewesen sind Oxidationen, sind Sauerstoff-Anreicherungsreaktionen. In typischen Brennstoffen wie Zucker, Stärke, Mehl, Fetten und Ölen ist Energie gespeichert. Ein Kilogramm Butter enthält übrigens mehr Energie als ein Kilogramm Sprengstoff TNT (Trinitrotoluol). Unglaublich! Dann fragt man sich doch, warum TNT Sprengwirkung hat, Butter aber

> **Energie in TNT:**
> ca. 4 MJ/kg (MJ = Megajoule = 1 Million Joule)
>
> **Energie in Butter:**
> ca. 30 MJ/kg

überhaupt nicht (siehe S. 209). Sämtliche Brennstoffe sind sogenannte reduzierte Moleküle, das bedeutet Sauerstoffmangel-Moleküle. Merke: Eine chemische Reaktion, bei der ein Stoff Sauerstoff aufnimmt, nennt man Oxidation. Eine chemische

Reaktion, bei der einem Stoff Sauerstoff entzogen wird, nennt man Reduktion.

Man unterscheidet schnelle und langsame Oxidationen. Feuer, Flammen, Feuerwerk, Explosionen: knall, bumm, peng! – das sind schnelle Oxidationen. Man spürt die entstandene Wärme sofort. Zu den stillen gehören die unauffälligen Oxidationen in der Natur, wie die Atmung, die Verdauung, die Verwesung und das Rosten von Eisen. Sie verlaufen so langsam, dass die entstehende Wärme gar nicht spürbar wird.

Feuer machen

Jetzt wissen wir, was eigentlich passiert, wenn etwas brennt. Aber wie kann man Feuer machen? Dafür müssen drei Voraussetzungen erfüllt sein:

* Sie brauchen das Brennmaterial, den Brennstoff. Dieser kann wie Holz, Papier, Kohle fest sein, wie Öl, Kerosin, Benzin flüssig oder wie Methan, Wasserstoff, Acetylen gasförmig.
* Sie brauchen Sauerstoff. Die Luft enthält 21 Prozent Sauerstoff, das klingt gar nicht so viel, reicht aber für die meisten Verbrennungsreaktionen aus.
* Und, was viele nicht wissen: Sie müssen die Entzündungstemperatur erreichen. Holz z. B. brennt erst ab einer Entzündungstemperatur von ca. 300 °C. Ein Streichholzköpfchen hat eine Entzündungstemperatur von etwa 60 °C, und Steinkohle brennt bei ca. 500 °C.

Bei den meisten festen und flüssigen Brennstoffen entstehen durch die hohen Verbrennungstemperaturen brennbare Dämpfe. Erst diese Gase verbrennen nun unter Ausbildung einer Flamme (die typische Form ist die Folge des Abströmens der Gase), z. B. bei Holz, Kerzenwachs, Öl. Brennstoffe, die keine brennbaren Gase entwickeln, verglühen nur, wie z. B. Holzkohle, Briketts, Stahlwolle, Eisenpulver, Magnesium.

Fazit: Wenn Sie irgendwo auf der Welt ein Feuer sehen, dann sind drei Dinge zusammengekommen: Brennmaterial, Sauerstoff, Entzündungstemperatur – egal, ob Waldbrand, Hausbrand, brennendes Auto, Lagerfeuer, Kerze, Streichholz oder Wunderkerze.

Die frühen Urmenschen nutzten Blitzeinschläge, um an Feuer zu gelangen. Manche weiterentwickelten Stämme konnten bereits selber Feuer machen. Die einfachste und älteste Art, ein Feuer zu entzünden, ist die Ausnutzung der Reibungswärme. Das können Sie selbst ausprobieren, indem Sie Ihre Hände kräftig aneinanderreiben. Wird ziemlich warm, stimmt's?! Zum Glück aber entsteht kein Feuer. Das liegt daran, dass unsere Hand ein eher schlechter Brennstoff ist. Sie enthält zu viel Wasser. Reibungswärme mit Feuererscheinung kann man auf dreierlei «natürliche» Arten erlangen:

1. Mit einem Holzbohrer aus hartem Buchenholz auf einem weichen Lindenholz bohren.
2. Mit einem Buchsbaumholzstück auf einem Kiefernholzbrettchen kräftig reiben.
3. Mit einem Metallknopf auf einem Kiefernholzbrettchen kräftig reiben.

Bei diesen drei Methoden erhält man das Feuer nur indirekt. Ist das Holz heiß genug, dann entsteht am schwarz verkohlten Holzabrieb eine winzige Glut. Mit dieser Miniglut kann man etwas sehr leicht Brennbares zum Großglühen bringen: den Zunder. Zunder ist ein aufwendig hergestelltes ledriges Material, das aus Baumpilzen gemacht wird und leicht entzündlich ist. Sie kennen sicher das geflügelte Wort «Das brennt wie Zunder». Allerdings brennt Zunder nicht, sondern glüht nur, so wie Tabak in einer Pfeife. Mit dem glühenden Zunder kann man schließlich (Seiden-)Papier, Baumschwamm, Birkenrinde, Rohrkolbensamen, Pusteblumen entzünden und dann vorsichtig in die Glut pusten, um ihr mehr Sauerstoff zum Brennen zuzuführen. Mit einer hinreichend großen Glut gelingt es schließlich, Holzscheite anzuzünden und ein richtiges Feuer zu machen.

Nicht nur große Blitzeinschläge können Feuer erzeugen, sondern auch kleine Blitze. Funken sind mit kleinen Blitzen vergleichbar und in der Lage, Zunder zum Glühen zu bringen. Dafür gab es bis ins 19. Jahrhundert fast in jedem Haushalt «Feuerstein, Schlageisen und Zunder». Schlägt man mit einer kleinen Eisenschiene senkrecht und mit voller Kraft gegen einen flachen Feuerstein, reißt der äußerst harte Feuerstein einige Eisenteilchen los. Durch die Wucht des Schlages entsteht so viel Reibungsenergie, dass das abfliegende Eisenkrümelchen als Funke verbrennt. Schön und gut. Jetzt hat man Funken, aber noch lange kein Feuer. Die Kunst besteht darin, Funken in Glut umzuwandeln. Dazu nimmt man wieder den Zunder und legt ihn unter eine scharfkantige Feuersteinscherbe. Nun muss man so oft schlagen und Funken erzeugen, bis rein zufällig ein genügend großer und lang glühender Funke auf den Zunder fällt und ihn anzündet. Das kann Sekunden, Minuten oder auch Stunden dauern (zur Erfindung der chemischen Anzündmittel und Streichhölzer siehe S. 225 ff.).

Bedeutung der Entzündungstemperatur

Wie bekommt man eigentlich ein Lagerfeuer in Gang? Das lehrt uns die Erfahrung. Zuerst legt man locker zerknülltes Papier in die Mitte der ausgewählten Stelle, darauf kommen dünne Holz-stöckchen, darüber dickere Holzstücke und zuletzt die Kohle oder Baumstämme. Das hat alles seinen guten chemischen Grund. Mit jeder «Brennstoffhürde» steigt die Entzündungs-temperatur sprunghaft an.

Mit dem Streichholz, das eine Entzündungstemperatur von ca. 60 °C hat, entzündet man das Papier (Entzündungstempe-ratur ca. 250 °C). Das brennende Papier liefert so viel Wärme, dass die Entzündungstemperatur des Holzes (ca. 300 °C) erreicht wird. Das fein zerteilte Holz fängt Feuer, danach entzünden sich die Holzscheite. Beim Brennen des Holzes wird so viel Wärme frei, dass die Entzündungstemperatur von Kohle (Grillkohle: ca. 250 °C, Steinkohle: ca. 350 bis 600 °C) erreicht wird.

Bedeutung der Oberfläche

Ob und wie gut ein Stoff brennt, hängt auch von seiner Ober-fläche bzw. seinem Zerteilungsgrad ab. Je größer die Oberfläche, desto besser kann der Luftsauerstoff angreifen und das Material verbrennen. Dicke Holzklötze, Balken oder ganze Baumstämme kriegt man eher schlecht angezündet, feine dünne Holzstäb-chen oder gar Holzwolle brennen dagegen schnell. Sägemehl ins Feuer geworfen – schon hat man eine große Stichflamme ent-facht. Warum? Weil feine, dünne Hölzer eine größere Oberflä-che in Relation zu ihrer Masse besitzen und somit eine größere Angriffsfläche für den Luftsauerstoff bieten, den das Holz zum Brennen braucht. Merke: Je feiner der Zerteilungsgrad eines brennbaren Stoffes bei gleichbleibender Masse ist, desto größer ist die Oberfläche, und desto leichter brennt das Material. Oder kurz: Je feiner verteilt ein Brennstoff ist, desto besser ist die Ver-brennung.

Beispiele: Im Kohlekraftwerk werden keine Briketts oder Kohlestücke verbrannt, sondern feinster Kohlestaub. Ein Stück Eisen kann man nicht mit dem Feuerzeug entzünden, aber feine Eisenwolle schon. Sprüht man feines Eisenpulver mit Hilfe eines Strohhalmes in eine offene Flamme, dann verbrennt das Eisen in herrlichem Funkenregen. Im Motor Ihres Benziners wird der Treibstoff nicht als flüssiger Strahl eingespritzt, sondern durch den Vergaser fein vernebelt als Aerosol verbrannt. Denn je feiner verteilt ein Brennstoff ist, desto besser kommt der Luftsauerstoff an das Brennmaterial heran.

Warum ist Feuer heiß?

Bei der Verbrennung von Brennstoffen, wie Methan- oder Butangas, Kohle, Benzin oder Heizöl, entstehen aus Kohlenstoff- und Wasserstoffatomen Kohlenstoffdioxid (CO_2) und Wasser (H_2O). Brennstoffe können deshalb so gut brennen, weil sie keinen oder nur wenig Sauerstoff enthalten. Brennstoffe sind energiereiche, aber sauerstoffarme Verbindungen. Sie liegen quasi auf einem zehn Meter hohen Sprungbrett. Bei der Verbrennung entstehen aus den energiereichen sauerstoffarmen Brennstoffen energiearme und sauerstoffreiche Verbindungen, namentlich CO_2 und H_2O. Kohlenstoffdioxid und Wasser sind extrem stabile Verbindungen – man kann mit ihnen sogar Feuer löschen! Stabil heißt aus chemischer Sicht immer: energiearm. CO_2 und H_2O sind vom Zehnmeterturm heruntergesprungen und liegen nun ganz tief unten im Schwimmbecken. Der Energieunterschied von Hoch- und Tieflage der Moleküle wird in Form von Hitze an die Umgebung abgegeben: Der verbrennende Stoff wird heiß.

Will man den Sauerstoff im Kohlenstoffdioxid CO_2 oder im Wasser H_2O wieder entfernen bzw. loslösen, muss man sehr,

sehr viel Energie aufwenden. Aus Kohlendioxid und Wasser wieder ein Zuckerstückchen, Rapsöl oder Kartoffelstärke herzustellen, wird uns kaum gelingen. Aber genau das passiert bei der Fotosynthese. Wie bereits erwähnt, stammt die Energie dafür aus dem Sonnenlicht. Aus unseren energiearmen Abfall- und Verbrennungsprodukten CO_2 und H_2O produzieren Pflanzen energiegeladene Sauerstoffmangel-Moleküle: Zucker, Stärke, Fette, Öle.

Auch fossile, organische Brennstoffe wie Erdöl, Heizöl, Benzin und Kohle sind reduzierte, energiegeladene Stoffe, die der Mensch zu seinen Gunsten verbrennt, um Wärme, Energie und Strom zu erhalten. Allerdings können hierbei die Abfallprodukte CO_2 und H_2O von uns Menschen *nicht* wieder in die Ausgangsstoffe umgewandelt werden. Diese einseitige Reaktion ist es, die letztlich die Ressourcen und unsere Umwelt in erheblichem Maße belastet.

Die Kerze

Von einer Kerze kann man viel über Feuer lernen. Schon Michael Faraday (1791–1867) hat 1861 ein ganzes Buch über *The Chemical History of a Candle* geschrieben, eines der weltweit erfolgreichsten populärwissenschaftlichen Bücher. Michael Faraday war englischer Naturforscher und eines der bedeutendsten Universalgenies, vergleichbar mit Leonardo da Vinci, Galileo Galilei oder Isaac Newton. Faraday experimentierte vor allem mit Elektrizität, entdeckte u. a. den Elektromagnetismus (die Grundlage der Stromerzeugung) und war Experte bei chemischen Analysen. Wir werden jetzt einige aufschlussreiche Experimente an einer Kerze durchführen, die Sie auch zu Hause leicht selber nachmachen können.

EXPERIMENTE MIT EINER KERZE

Sie brauchen:
1 Kerze
Streichhölzer oder Feuerzeug

Durchführung: Zünden Sie die Kerze an und warten Sie, bis das Wachs rund um den Docht geschmolzen ist. Eine Kerzenflamme besteht aus zwei Zonen: Außenzone und dunklere Innenzone direkt über dem Docht.

Halten Sie ein angezündetes Streichholz etwa 2 Zentimeter über den Docht einer gerade ausgeblasenen Kerze. Die Kerze geht wieder an, wodurch nachgewiesen ist, dass Wachsdämpfe aufsteigen!

Halten Sie dann einen Schaschlikstab oder einen Zahnstocher quer in die Flamme direkt über dem Docht. Es entstehen zwei schwarze Ringe! Falls dieses Experiment nicht klappt, verwenden Sie eine groß gestellte Feuerzeugflamme anstatt einer Kerzenflamme. Die Flamme muss breit genug sein, damit die zwei schwarzen Ringe sichtbar werden.

Halten Sie schließlich einen Streichholzkopf kurz in die dunkle Zone der Flamme: Es kommt zu keiner Entzündung! Halten Sie einen Streichholzkopf etwa genauso lange in die Außenzone der Flamme: Es kommt zu sofortiger Entzündung!

Erklärung: Am Docht befindet sich festes Kerzenwachs. Es brennt nicht. Wenn man eine Flamme an den Docht hält, wird das Wachs erhitzt und schmilzt. Dies dauert einige Zeit. Das flüssige Wachs steigt im Docht nach oben, ähnlich wie Flüssigkeit auf Löschpapier, beginnt zu sieden und verdampft. Der Wachsdampf entzündet sich bei einer bestimmten Temperatur (Entzündungstemperatur 250 °C) und beginnt zu brennen.

Kerzenwachs ist brennbar. Es lässt sich aber nur im gasförmigen Zustand entzünden. Der Docht begünstigt das Verdampfen des flüssigen Wachses. Er verteilt das Wachs auf eine große Oberfläche durch seine vielen Einzelfäden und sorgt dafür, dass das flüssige Wachs nach oben zur Kerzenflamme gelangt.

....

Bei der Kerzenflamme erkennt man zwei Zonen: einen braunen Kern und einen gelben Mantel. Im Kern der Flamme entstehen ständig Wachsdämpfe. Von außen kann der Luftsauerstoff überall an die Wachsdämpfe heran und sie gut verbrennen. Nach innen zum Flammenkern dringt der Sauerstoff nicht so leicht durch. Die Flamme ist dort am heißesten, wo die Wachsdämpfe am vollständigsten verbrannt werden, also dort, wo der Wachsdampf den meisten Sauerstoff bekommt, am Rand. In der Mitte ist es kälter, wegen unvollständiger Verbrennung. Im Innern des Flammenkegels kann das Gas wegen Sauerstoffmangels nicht gut verbrennen.

Daher ist der Mantel heißer als der Kern. Im Flammenkern misst man etwa 300 °C, im mittleren Mantel etwa 520 °C, im oberen Mantel und in der Außenzone etwa 1000 °C. Dunklere Farbe heißt hier: Es ist kälter. Das Prinzip ist dasselbe wie bei den Sternen, bei den Sonnenflecken oder bei der Herdplatte: Je dunkler die Farbe, desto kälter ist das Material, je heller das Licht, desto heißer ist es. Der Flammenkern ist also deshalb dunkler als der Mantel, weil er kälter ist. Dies ist auch der Grund dafür, dass das in die Flamme gehaltene Holzstäbchen zwei schwarze Ringe bekommt. An den bei-

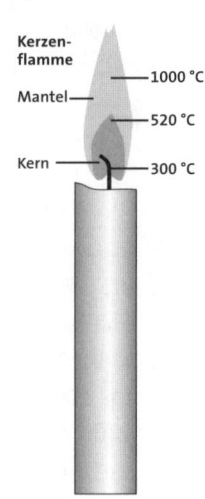

den Außenseiten ist die Flamme sehr heiß, aber in der Mitte des Flammenkegels ist sie kalt. Daher verbrennt das Holz zuerst an den beiden Säumen der Flamme, und in der Mitte des Hölzchens bleibt es unverkohlt, es sei denn, Sie halten das Hölzchen minutenlang in die Flamme, bis es vollständig in Kohlenstoff umgewandelt wird.

Das Feuerzeug

Das reine Butangas eines Feuerzeugs brennt mit leuchtend gelber Flamme. Die Flamme flackert. Das Gas verbrennt nur in der Außenzone des Flammenkegels.

Das gelbe Leuchten wird durch glühende Rußteilchen (unverbrannter Kohlenstoff) verursacht, die durch die unvollständige Verbrennung entstehen. Den Ruß können Sie mit einem weißen Porzellanteller auffangen bzw. sichtbar machen (zum ältesten, berühmtesten Feuerzeug der Welt siehe S. 229).

Das aus der Düse strömende Butangas eines Bunsenbrenners saugt durch Löcher im Brennrohr Luftsauerstoff an und vermischt sich im Brennrohr zu einem brennbaren Gasgemisch. Dieses Gasgemisch brennt mit bläulich-farbloser Flamme. Die Flamme rauscht und ist sehr heiß. Da nun ausreichend Sauerstoff zur Verfügung steht, erfolgt eine vollständige Verbrennung des Gases in der gesamten Flamme ohne Rußbildung (Porzellanteller über Flamme halten; es kommt zu keiner Rußabscheidung). Im Flammenkern messen wir etwa 300 bis 500 °C, im Mantel herrschen Temperaturen von 1000 bis zu 1500 °C, der oberste Flammenteil ist übrigens am heißesten.

Im Flammenkern herrschen etwa 300 °C, im Mantel etwa 1000 °C.

Die Flamme leuchtet blau, weil für ganz kurze Zeit kleine, instabile Kohlenstoffteilchen (Radikale) entstehen. Diese werden angeregt, also in ein höheres Energieniveau gehoben, das sehr kurzlebig ist (Bruchteile von Sekunden). Die angeregten Moleküle fallen wieder auf ihr ursprüngliches Energielevel herunter und strahlen dabei ihre überschüssige Energie als blaues Licht ab.

Die Flammenfarbe Ihrer Kerze oder Ihres Feuerzeuges liefert auch immer einen Hinweis auf den Verbrennungsvorgang. Hier zwei Beispiele:

Heizflamme

1500 °C

Mantel

Kern

300 °C

Brennrohr

Luftloch (offen)

Luftregler

Stellring

Feststell-
schraube

Gashahn

Dichtung

Kartusche

Fuß

Kartuschenbrenner

Gelbe Flamme und das blaue Wunder

Es verbrennt ein organischer Stoff, der viel Kohlenstoff enthält, wie Kerzenwachs, Benzin, Petroleum. Der gelbe Teil der Flamme besteht aus winzigen, unverbrannten Kohlenstoffteilchen z. B. des Kerzenwachses. Diese kleinen Rußpartikelchen sind eine Zusammenlagerung aus Hunderttausenden von Kohlenwasserstoffverbindungen.

Bei genauer Betrachtung einer Kerzenflamme werden Sie nicht nur zwei, sondern sogar drei Farben sehen: Braun, Gelb und Blau. Ganz unten ist die Flamme bläulich, fast geheimnisvoll blau. Da unten herrscht genügend Sauerstoff, es bilden sich die besagten Radikale, aber noch keine Rußteilchen. In der Mitte der Flamme um den Docht herum ist es braun, und außen leuchtet sie hellgelb. Die hellgelb leuchtenden Kohlenstoffklümpchen überlagern das schüchterne blaue Leuchten. Sie können aber die gelbe Flammenfarbe ins Blaue umwandeln, indem Sie mit etwas Gefühl gegen eine groß gestellte Feuerzeugflamme blasen. Pusten Sie behutsam, bis die Flamme sich beugt und fast ausgeht. Die Flamme wird blau! Sie pusten nämlich Sauerstoff hinein. Alternativ können Sie die Flamme auch hin- und herwedeln, indem Sie das Feuerzeug vorsichtig nach links und rechts bewegen. Die Flamme wird wie von Geisterhand blau! Formel: mehr Sauerstoff – mehr Kohlenstoffverbrennung – mehr Blau.

Bläulich-farblose Flamme

Es verbrennt ein organischer Brennstoff, der Sauerstoff enthält, wie z. B. Alkohol oder Brennspiritus. Oder es verbrennt ein organischer Brennstoff, der keinen Sauerstoff enthält, wie Butan- oder Propangas im Bunsenbrenner mit offener Sauerstoffzufuhr. Wenn genügend Sauerstoff da ist, verbrennt der Brennstoff vollständig, und keine unverbrannten Teilchen «stören» die bläulich-farblose Flamme.

Auch der Funkenregen einer Wunderkerze ist farblos, weil das Eisenpulver, aus dem sie im Wesentlichen besteht, mit einer sauerstoffreichen Substanz vermischt ist, die etwa 1500-mal mehr Sauerstoff enthält als die gleiche Menge Luft. Ein Bindemittel (Stärke, Mehl, Kleister) hält diese Mischung aus Eisen und Sauerstoff am Draht fest. Die Wunderkerze, die wegen des enthaltenen Eisens mausgrau ist, bringt also ihren eigenen Sauerstoff mit und liefert den Beweis, dass Eisen brennen kann – eine Tatsache, die immer wieder für Erstaunen sorgt. Wenn ich meinem Publikum einen Eisenlöffel zeige und frage, ob er wohl brennen kann, dann antworten 90 Prozent davon mit einem klaren «Nein». Dabei sind die abgesprühten Funken der Wunderkerze nichts anderes als feine Eisenpulverteilchen, die den Sauerstoff aufgenommen haben und dann verglühen, letztlich zu Rost, zu Eisenoxid verbrennen.

Doch Eisen kann zwar brennen, dabei bilden sich aber keine

Flammen, sondern nur Funken. Stoffe wie Holz, Papier, Kunststoff, Haare, Benzin, Wasserstoff verbrennen alle mit Flamme, warum also Eisen nicht? Wenn ich diese Frage in meiner Feuer-Show dem Publikum stelle, höre ich nach längerer Bedenkzeit, dass Eisen eine zu hohe Dichte hat, dass Eisen zu hart ist, dass Eisen zu schwer ist, dass seine Entzündungstemperatur zu hoch ist. Alles falsch. Eisen verbrennt ohne Flamme, weil keine brennbaren Gase entstehen. Bitte merken Sie sich: Flammen bedeuten immer: brennbares Gas. Das ist ein wichtiger Grundsatz, der beim Feuerlöschen eine große Rolle spielt.

> Bei einer Chemie-Show in Luxemburg hat mir ein Kind freudig verraten, dass Wunderkerze auf Luxemburgisch «Speitsemännchen» heißt. Ist das nicht wunderbar?

Wenn Sie mal die Gelegenheit haben, als Astronaut ins Weltall zur ISS zu fliegen, dann könnten Sie im Weltall eine Wunderkerze anzünden und damit zur Erde winken. Die Wunderkerze brennt nämlich auch im Weltall, auch in reinem Stickstoff, in reinem Kohlenstoffdioxid. Auch unter Wasser? Das klären wir gleich beim Thema «Feuer löschen».

Feuer löschen

Wer Feuer macht, muss auch wissen, wie man es wieder löschen kann! Anhand einer brennenden Kerze kann man sich die wichtigsten Möglichkeiten einer Löschaktion klarmachen. Wie kann man eine brennende Kerze löschen? Dazu werden Sie ganz sicher mehrere Antworten parat haben:

Mit Wasser
Dass eine brennende Kerze unter Wasser ausgeht, lässt sich gleich zweifach begründen: Unter Wasser gibt es keinen Sauer-

stoff, und ohne Sauerstoff gibt es kein Feuer. Viel wichtiger ist aber der Kühleffekt von Wasser. Wasser kühlt die Flamme bzw. das Brennmaterial (Wachs) unter die Entzündungstemperatur, und dann geht das Feuer aus. Wasser ist Weltmeister im Kühlen! Weltrekord! Es gibt keine andere Substanz auf der Welt, die die Wärme so gut aufnehmen kann wie Wasser. Wasser hat eine Wärmekapazität von rund 4, die Höchstnote. Darum löscht die Feuerwehr so gerne mit Wasser, spritzt auch über den Teil des Waldes, der bei einem Waldbrand noch nicht brennt, oder über Häuser neben einem brennenden Haus. Man kann sogar mit kochendem Wasser Feuer löschen, weil selbst 100°C heißes Wasser, also Wasserdampf, noch eine Wärmekapazität von 2 hat. Das heißt, kochendes Wasser kann noch etwa halb so gut kühlen wie kaltes Wasser!

Wärmekapazität
(= Wärmeaufnahmefähigkeit
in kJ / kg × Kelvin) von

Porzellan: 0,8

Eisen: 0,46

Beton: 0,89

Alkohol: 2,4

Teer: 3,2

Wasser: 4,2

kochendes Wasser (100 °C): 2,05

Jetzt können Sie auch meine vorhin gestellte Frage, ob eine brennende Wunderkerze unter Wasser ausgeht oder weiterbrennt, beantworten. Aufgrund des starken Kühleffekts des Wassers erlischt die Wunderkerze trotz eigenen Sauerstoffvorrats.

Durch Auspusten

Auf die Frage, warum man eine brennende Kerze auspusten kann, höre ich als Antwort immer wieder: «Weil man Kohlendioxid ausatmet, und CO_2 löscht die Flamme.» Als Gegenargument bringe ich dann gerne die «Mund-zu-Mund»-Beatmung in der Notfallrettung. Stellen Sie sich vor, Sie würden *nur* Kohlendioxid ausatmen, und pusten dem Unfallopfer Ihren CO_2-Hauch in die Lunge. Damit wären Sie nicht Lebensretter, sondern im wahrsten Sinne des Wortes ein das Leben aushauchender Todesengel. Denn nach zwei Minuten Mund-zu-Mund-Beatmung wäre Ihr armer Patient im Jenseits. Nein, mit jedem Atemzug nehmen Sie die in der Luft enthaltenen 21 Prozent Sauerstoff auf (sowie 0,04 Prozent Kohlendioxid neben 78 Prozent Stickstoff und rund ein Prozent Edelgase, wie Argon und Neon) und geben 16 Prozent Sauerstoff wieder ab. Neben den 79 Prozent Stickstoff und dem einen Prozent Edelgasen enthält die ausgeatmete Luft nur 4 Prozent CO_2, darum klappt das auch mit der Mund-zu-Mund-Beatmung so gut. Bei einem Kohlendioxidgehalt von 8 Prozent in der Luft werden wir bewusstlos, über 8 Prozent klopft bereits der Tod an die Tür, der innerhalb von 30 bis 60 Minuten eintritt.

Übernachten wir mit 10 bis 20 Personen in einem geschlossenen Zimmer (Tür zu, Fenster zu – wie furchtbar), sind wir am nächsten Morgen noch alle am Leben! Das klappt, weil wir genügend Sauerstoff ausatmen. Ein ruhender Mensch verbraucht etwa 9 bis 18 Liter Sauerstoff pro Stunde – so viel wie ein brennendes Teelicht. Würden bei der Atmung von Mensch und Tier zu 100 Prozent CO_2 abgegeben, würden wir uns im Hinblick auf den Treibhauseffekt längst im Endstadium befinden.

Um nun zurück zur Kerze zu kommen: Beim Auspusten einer Kerzenflamme werden die brennbaren Gase – die Wachsdämpfe – vom Brandherd weggedrückt. Die Flamme reißt vom nachströmenden Brennstoff ab und erlischt. Sie können jedes Feuer, das mit Flamme brennt, auspusten. Ein Streichholz, einen Stock, ein Lagerfeuer (eine einzelne Lunge reicht leider nicht aus, aber versammeln Sie mal 30 Leute, die gleichzeitig kräftig pusten), eine brennende Ölquelle (Düse eines Eurofighters sollte genügen – oder Dyna-

Sauerstoffverbrauch

Teelicht: 8 bis 10 Liter pro Stunde

Mensch in Ruhephase: 9 bis 18 Liter pro Stunde

Mensch bei leichter Arbeit: 60 bis 72 Liter pro Stunde

Mensch bei Schwerstarbeit: 120 bis 160 Liter pro Stunde

mit halt). Aber so eine kleine, unscheinbare Wunderkerze kann man nicht auspusten, weil keine brennbaren und damit wegpustbaren Gase entstehen. Merke: Jedes Feuer, das mit Flamme brennt, kann man auspusten!

Mit einem Kerzenlöscher oder mit den Fingern
Die Flamme geht aus, weil kein Sauerstoff mehr an das Brennmaterial gelangt.

Mit Sand
Wissen Sie, warum Steine nicht brennen? Oder Sand? Zu hart? Zu dicht? Zu wenig Sauerstoff? Keine brennbaren Gase? Die Antwort ist so einfach, dass die meisten Leute nicht auf die richtige Lösung kommen. Verbrennung heißt ja immer Sauerstoffaufnahme. Sand – nichts anderes als fein gemahlene Steine – besteht aber fast nur aus Sauerstoff: 60 bis 80 Prozent des Steins sind Sauerstoff. Ganz schön schwer, dieser Sauerstoff, wer hätte das gedacht? Sand und auch Glas bestehen hauptsächlich aus Siliciumdioxid (SiO_2- gebunden als superstabile SiO_4-Tetraeder, vermengt mit etwas Natrium, Bor oder Calcium). Wenn Sie im Urlaub am Strand entlanglaufen, gehen Sie über Sauerstoff. Wenn Sie durch eine Glasscheibe schauen, sehen Sie durch Sauerstoff hindurch. Steine sind bereits «bis zum Abwinken» mit Sauerstoff vollgestopft. Man könnte auch sagen: Steine sind schon verbrannt.

Man kann Steine in einen Vulkan schmeißen, sie werden nur glühend heiß, bleiben aber immer noch Stein. Das Gleiche bei Glas: Es kann unter Glut schmelzen, aber nicht verbrennen. Mit Glas könnte man sogar Feuer löschen. Fensterscheiben in den Kamin schmeißen – und aus ist es mit der heimeligen Gemütlichkeit. Glas ist aber als Feuerlöscher eher unpraktisch.

Was ist das häufigste Element auf der Erde? Sauerstoff. Aber nicht wegen des bisschen Atmosphäre um die Erde herum oder wegen des Wassers in den Ozeanen, sondern weil jeder Berg, jedes Gebirge, jeder Strand, alle Steine der Welt, die ganze Erdkruste (auch die Ozeanböden) fast nur aus Sauerstoff bestehen. Und das zweithäufigste Element der Erde? Silicium. Das ist schön, weil wir Menschen es für unsere Computerchips benötigen. Auch Kohlendioxid (CO_2) brennt nicht, weil es schon mit Sauerstoff «abgesättigt» ist. Kohlenmonoxid (CO) ist dagegen brennbar, weil es noch ein bisschen Sauerstoff aufnehmen kann. Rost, also Eisenoxid, brennt nicht, weil es schon verbrannt ist, dagegen brennt Eisen sehr gut (Wunderkerze). Man kann also nicht nur mit CO_2, sondern auch mit Glas- oder Rostpulver Feuer löschen.

Fazit: Brennbar sind nur die Stoffe, die sich mit Sauerstoff verbinden können!

Nach DIN EN von 1973 werden Brände in die vier Brandklassen A, B, C und D eingeteilt:

Klasse A: Brände fester Stoffe, meistens organischer Natur (z.B. Papier, Holz, Kohle, Kunststoffe)

Klasse B: Brände flüssiger Stoffe (z.B. Benzin, Öl, Fette, Lacke)

Klasse C: Brände gasförmiger Stoffe (z.B. Wasserstoff, Ethin, Erdgas, Butan, Propan)

Klasse D: Brände von Metallen (z.B. Magnesium, Aluminium)

Mit Kohlenstoffdioxid

Warum man mit Kohlendioxid Feuer löschen kann, können Sie sich mit einem Experiment klarmachen. Sie brauchen dazu lediglich ein Päckchen Backpulver, Wasser, eine kleine leere Glasflasche mit engem Hals (z.B. Ketchup-Flasche) und einen Trichter. Wenn Sie nun das Backpulver in die Glasflasche geben und etwas Wasser hinzuschütten, entsteht augenblicklich Kohlenstoffdioxid. Das im Backpulver enthaltene Backtreibmittel zersetzt sich mit Wasser und einem im Backpulver beigemischten sauren Pulver zu CO_2. Um Kohlendioxid aus Backpulver entstehen zu lassen, brauchen Sie keinen Essig! Die Säure ist bereits in fester Form im Backpulver beigemischt. Wasser reicht vollkommen aus. Da CO_2 etwas schwerer ist als Luft, können Sie das Kohlenstoffdioxid vorsichtig aus der Flasche «ausgießen». Halten Sie dazu die Flaschenöffnung an die Kerzenflamme und schwenken Sie die Flasche vorsichtig in die Waagerechte. Das unsichtbare Gas fällt auf die Flamme und erstickt das Feuer durch Sauerstoff-Verdrängung. Neben Pulver- und Schaumfeuerlöscher sind auch Kohlendioxid-Feuerlöscher sehr verbreitet in Gebrauch. Im Feuerlöscher befindet sich das Kohlendioxid in flüssigem Zustand (Verflüssigung ab 5,5 bar Druck). Wird der Löscher betätigt, so tritt flüssiges CO_2 aus, das sofort in den gasförmigen Zustand verdunstet (Gasdüse). Dabei tritt auch noch ein vorteilhafter Nebeneffekt ein. Durch den plötzlichen und drastischen Druckabfall beim Öffnen des Ventils kühlt sich das Kohlendioxid kontinuierlich ab (Verdampfungswärmeverbrauch) und wird zu minus 78 °C kaltem CO_2-Schnee («Kohlensäureschnee»). Diesen Kühleffekt kennen Sie, wenn Sie eine gekühlte Cola oder einen sehr kalten Sekt öffnen. Durch das plötzliche Öffnen entspannt sich der Druck des Kohlendioxids im Getränk schlagartig und kühlt dadurch ab. Eine kleine Nebelwolke entsteht an der Flaschenhalsöffnung. Nebel ist ja nichts anderes als zu winzigen Tröpfchen abgekühlter, kondensierter Wasserdampf aus der Luftfeuchtigkeit. CO_2 erstickt den Brand der Klassen ABC durch Verdrängung des Luftsauerstoffs. In geschlossenen Räumen besteht allerdings Vergiftungsgefahr!

Während Pulver- und Schaumlöscher eine riesige «Schweinerei» hinterlassen, bleibt beim Einsatz eines CO_2-Löschers die Umgebung sauber.

Mit Schaum
Löschschaum ist das wichtigste Löschmittel für Brände der Brandklasse B, also für flüssige Brände. Die Löschwirkung beruht

hierbei auf der Trennung des flüssigen Brennstoffes vom Luftsauerstoff. Bedingt durch seine vielen Gasblasen, ist Schaum leichter als Flüssigkeit. Der leichte Schaum bildet eine dichte, die Luft absperrende Schicht auf dem Brennstoff (Absperreffekt). Zudem wirkt Löschschaum auch kühlend (Kühleffekt). Die Schaumbildner (Tenside) werden in Mengen von 2 bis 6 Prozent dem Löschwasser zugegeben. Als Treibmittel dient Luft oder Kohlendioxid mit 11 bar Druck, das den Schaum entstehen lässt. Ein Liter Wasser kann in modernen Schaumlöschern bis zu 1000 Liter Schaum bilden! Bis 1965 waren Handschaumlöscher in Gebrauch, die den Löschschaum durch die chemische Reaktion von Natriumhydrogencarbonat mit Aluminiumsulfat und Seife erzeugten.

Schaum schirmt also den Sauerstoff ab – die Flamme erstickt. Füllen Sie in das Backpulver-Wasser-Gemisch der Ketchup-Flasche noch etwas Spülmittel, und Sie sind Besitzer eines Schaumlöschers.

Mit Löschpulver

ABC- bzw. BC-Pulverlöscher sind fast in jedem Gebäude zu finden und am weitesten verbreitet. Sie werden in mehreren Brandklassen eingesetzt, hauptsächlich aber bei Bränden der Klasse B und C, also bei brennenden Flüssigkeiten und Gasen mit Flammenbildung.

BC-Löschpulver bestehen aus Salzen, vor allem auf Basis von Natriumhydrogencarbonat (Natron), das übrigens auch im Backpulver enthalten ist. In der heißen Flamme bilden sich laufend reaktive Radikale, die die Verbrennungsreaktion in Gang halten. Genau diese Radikale werden von dem Löschpulver «abgefangen» und dem Brandherd entzogen. Die feine Staubwolke aus Natron fungiert somit als Radikalfänger. Die Verbrennung kommt zum Erliegen (Inhibitionseffekt). Effektive BC-Löschpulver enthalten pro Kubikzentimeter Pulver über 15 Millionen Teilchen mit einer Fläche von etwa 4000 Quadratzentimetern!

Bei der Brandklasse A spielt der Inhibitionseffekt nur eine untergeordnete Rolle. Daher enthalten sie noch zusätzlich ein Salzgemisch aus Ammoniumphosphat und Ammoniumsulfat. Dieses Salzgemisch beginnt bereits ab 70 °C zu schmelzen und bildet auf der Oberfläche brennender Feststoffe einen glasartigen Schmelzüberzug. Somit kann kein weiterer Luftsauerstoff heran, und es können keine brennbaren Gase herausgelangen (Absperreffekt).

Auch in der Brandklasse D wird Löschpulver eingesetzt. Meistens verwendet man feinstes Natriumchlorid (Kochsalz), das eine geschmolzene Decke über das brennende Metall zieht und es so vom Luftsauerstoff abschließt. Da Metallbrände mit 2000 bis 3000 °C äußerst heiß werden, eignen sich nur wenige Salze zum Einsatz als Löschpulver. Auch Sand ist in der Lage, Metallbrände zu löschen (Absperreffekt). Die Vorteile des Pulverlöschers sind seine schlagartige Wirkung bei Flüssigkeits- und Gasbränden sowie seine Frostbeständigkeit.

Je energiegeladener, je reduzierter ein Brennstoff ist, desto heißer ist die Verbrennung. Anders gesagt: Je weniger Sauerstoff ein Brennstoff enthält, desto heißer die Verbrennung. Zucker und Stärke enthalten bereits Sauerstoff in ihren Molekülen und verbrennen daher nicht so heiß wie Methangas oder Benzin. Solche Brennstoffe enthalten nur Kohlenstoff- und Wasserstoffatome. Deshalb liefert Benzin mehr Energie als Holz, ist eine Butangasflamme heißer als eine Kerzenflamme.

ZUSAMMENFASSUNG

Ohne Feuer gäbe es keinen Fortschritt, so viel steht fest. Wir Menschen benötigen Feuer zur Herstellung von Strom, von

Stahl, von Glas, von Silicium. Kein Auto, kein Computer, kein Flugzeug ohne Feuer. Keine Wärme, keine Heizung ohne Feuer. Ohne Feuer kein Mensch. Grundsätzliches zum Thema Feuer kann man sich anhand einer Kerze und einer Wunderkerze klarmachen. Die drei Voraussetzungen, damit ein Feuer entsteht, sollten Sie Ihr Leben lang wissen. Denn nur wer weiß, warum ein Feuer brennt, kann wissen, wie man ein Feuer effizient auch wieder löschen kann.

Exkurs 1: Feuer im Darm – Energie für den Körper

Die Energie in Zucker, Stärke, Eiweiß und Fetten, die wir täglich mit unserer Nahrung zu uns nehmen, stammt letztlich aus der Energie des Sonnenlichts. Jeder Zuckerwürfel, jedes Stück Schokolade ist ein Energieprodukt der Sonne. Denn bei der sogenannten Fotosynthese benutzen Pflanzen das Sonnenlicht zur Produktion reduzierter, energiereicher Brennstoffe wie Zucker, Stärke, Eiweiß, Fett und Öl. Die Fotosynthese ist also nichts anderes als eine gigantische Reduktionsfabrik.

Wir sagen zwar umgangssprachlich, dass unser Körper die Nährstoffe «verbrennt», meinen damit aber natürlich kein Feuer im direkten Sinne. Unsere Atmung bewirkt die Oxidation von Brennstoffen mit Sauerstoff, den wir einatmen. Täglich atmen wir etwa 500 Liter Sauerstoff ein. Brennstoff und Sauerstoff werden in der Leber mit Hilfe einer ganzen Batterie von Enzymen vorsichtig und gut «verpackt» zusammengeführt. Die dabei entstehende Energie wird so gespeichert, dass es nicht zum Brand kommt. Das wäre sonst eine unglaubliche Energieverschwendung, und außerdem ist unser Körper ein wirklich ungeeigneter Ofen. Unsere «Verbrennung» geschieht letztlich auf der Ebene der Elektronen. Der Zuckeraustausch bei unserem Stoffwechsel im Blut beträgt übrigens etwa 840 Gramm pro Stunde, das entspricht dem Zuckergehalt von gut 20 Tafeln Schokolade.

Exkurs 2: Feurige Atomkerne

Schwere Atomkerne wie z. B. Uran-Atomkerne können mit Hilfe von Neutronen in kleinere Bruchstücke gespalten werden. Die dabei freiwerdende Energie nutzt man in Atomkraftwerken zur Erzeugung von Wasserdampf und somit zur Stromerzeugung.

1938 beschossen die deutschen Chemiker Otto Hahn (1879–1968) und Fritz Straßmann (1902–1980) uranhaltige Substanzen mit Neutronen. Dabei entdeckten sie, dass ein Uranatomkern in zwei andere Atomkerne (Barium und Krypton) gespalten werden kann. Trifft ein Neutron auf einen Urankern, dann bildet sich ein instabiler «Uranzwischenkern», der in zwei ungleiche Bruchstücke zerplatzt. Dabei entstehen zwei bis drei neue Neutronen, gefährliche Gammastrahlung und viel Energie. Bei der Spaltung von einem Kilogramm Uran wird eine Energie von 20 Millionen Kilowattstunden (kWh) frei, was der Leistung von 200 Millionen 100-Watt-Glühbirnen in einer Stunde entspricht. Im Gegensatz dazu liefert die Verbrennung von einem Kilogramm Steinkohle nur eine Energie von etwa 10 kWh, also einen winzigen Bruchteil davon.

Jeder Kernspaltungsprozess, der nur durch ein einziges Neutron ausgelöst wurde, erzeugt zwei bis drei neue Neutronen. Diese Teilchen können weitere Urankerne spalten, sodass eine lawinenartige Kettenreaktion entsteht, die eine anhaltende Energiefreisetzung ermöglicht. Die Kernspaltung geschieht in sogenannten Brennstäben. Das sind 4 bis 6 Meter lange und einen Zentimeter dicke Metallrohre, die mit kleinen, spaltbaren

Uranstückchen gefüllt sind. Ein einziger Reaktor beherbergt 40 000 bis 160 000 solcher Brennstäbe.

Bei der Uranspaltung entstehen sehr gefährliche Strahlungen aller Art und über 300 verschiedene radioaktive Elemente. Aufgrund der radioaktiven Strahlung müssen Kernkraftwerke mit dicken Mauern aus Spezialbeton umgeben sein sowie Abgase und Abwässer sorgfältig überwacht werden. Auch der für Mensch und Umwelt gefährliche Atommüll ist problematisch. Die verbrauchten Brennelemente strahlen noch viele tausend Jahre lang und müssen – eingeschmolzen in Glas – in einem Endlager sicher «entsorgt» werden.

Da die verbrauchten Brennstäbe noch Hitze entwickeln und stark strahlen, müssen sie mindestens sechs Monate in riesigen Wasserbecken zwischengelagert werden. Erst wenn Hitze und Strahlung abgeklungen sind, kann der Atommüll in einem stillgelegten Salzbergwerk etwa 700 Meter tief in der Erde endgelagert werden.

Läuft die Energie-Erzeugung im Reaktor nicht mehr kontrolliert ab, dann führt die Kettenreaktion zu einer explosiven Katastrophe, die als GAU bezeichnet wird. GAU bedeutet «größter anzunehmender Unfall». Ein «Super-GAU» des Kernkraftwerks in Tschernobyl (Ukraine) am 26. April 1986 schockierte die ganze Welt und forderte mindestens 160 000 Tote. Und auch die Reaktorkatastrophe von Fukushima am 11. März 2011, verursacht durch ein gewaltiges Erdbeben und einen verheerenden Tsunami, erschütterte die Menschen über Ländergrenzen hinweg. Es kam dabei zu einer Kernschmelze.

Versagt die Kühlung, werden die Uranstückchen in den Metallbrennstäben über 800 °C heiß und verschmelzen durch die Hitze miteinander und mit dem Metall der Brennstäbe zu einem großen «Klumpen». Solch ein metergroßer, glühender, mehrere tausend Grad heißer, tödlich strahlender Schmelztropfen fließt durch die Schwerkraft nach unten und frisst sich durch alles, was sich ihm in den Weg stellt. Ein Albtraum!

Was ist eigentlich der große Vorteil, das große Plus der Kernspaltung? Der enorme Energiegewinn aus wenig Material. Das ist aber auch der einzige positive Effekt. Alles andere wiegt schwer negativ, zu schwer, um Atomkraftwerke in Betrieb zu lassen.

Wenn man Atomkerne mit kleiner Masse zu Atomkernen größerer Masse verschmilzt, ist das mit einem Massenverlust und somit mit einem Energiegewinn verbunden. Eine solche Verschmelzung nennt man Kernfusion.

Unsere Sonne ist seit 4,6 Milliarden Jahren eine nahezu unerschöpfliche Energiequelle. Auf ihrer Oberfläche herrschen Temperaturen von 5600 °C, im Innern sogar unglaubliche 15 Millionen °C und ein unvorstellbarer Druck. Die Sonne besteht hauptsächlich aus Wasserstoff und Helium, den beiden leichtesten Elementen des Universums. Pro Sekunde wandelt sie 564 Millionen Tonnen Wasserstoff durch Kernverschmelzung in 560 Millionen Tonnen Helium um. Die restlichen 4 Millionen Tonnen Masse werden als Energie freigesetzt. Wir spüren diese unglaubliche Energie bis zu uns auf der Erde, die immerhin rund 150 Millionen Kilometer entfernt um die Sonne eiert.

Seit Jahrzehnten versucht man, die Verschmelzung von zwei Wasserstoffkernen zu einem Heliumkern technisch und kontrolliert umzusetzen. Die Bildung von einem Kilogramm Helium erzeugt etwa zehnmal so viel Energie wie die Spaltung von einem Kilogramm Uran, nämlich ca. 200 Millionen kWh, die wiederum der Leistung von zwei Milliarden 100-Watt-Glühbirnen in einer Stunde entsprechen oder dem Jahresstromverbrauch von 50 000 Haushalten. Die Windenergie zum Vergleich: Deutschlands erster Offshore-Windpark «alpha ventus» in der Nordsee, der im April 2010 mit zwölf Windrädern in Betrieb ging, liefert gut 200 Millionen kWh Strom – wohlgemerkt im Jahr! Ähnliche Leistungen speist der erste deutsche Ostsee-Windpark «Baltic 1» mit 21 Windrädern seit Mai 2011 ins Stromnetz ein. Der im Bau befindliche Windpark «BARD offshore 1», 90 Kilometer vor Borkum, soll ab 2013 mit 80 Windrädern 1,6 Milliarden kWh Strom pro Jahr erzielen, eine Menge, die den Jahresverbrauch von etwa 400 000 Haushalten deckt. Unsere Sonne produziert 560 Milliarden Kilogramm Helium – pro Sekunde! Das entspricht einer Energieleistung von 560 Milliarden mal 200 Millionen kWh in einer Sekunde! Solche Dimensionen sind nur schwer für uns zu erfassen, da wird einem regelrecht schwindelig. Das «bisschen» Energie, das wir Menschen brauchen und für das wir uns abstrampeln müssen, schafft die Sonne ganz nebenbei.

Normalerweise stoßen sich die beiden (positiv geladenen) Wasserstoffkerne gegenseitig ab. Nur durch sehr hohe Temperaturen kann diese Abstoßung überwunden werden und eine Fusion stattfinden. Das Wasserstoffgas muss anfangs auf 100 Millionen °C aufgeheizt werden. In dem englischen Reaktor JET (Joint European Torus) in Culham gelang 1991 und 1997 tatsächlich für zwei Sekunden eine kontrollierte Kernfusion. Energieausbeute: 2 Millionen (1991) bzw. 16 Millionen Watt (1997). Der weltweit größte Fusions(versuchs)reaktor ITER (International Thermonuclear Experimental Reactor) wird zurzeit in Cadarache in Südfrankreich gebaut und kostet mindestens 10 Milliarden Euro. Der Kernfusionsreaktor ITER soll 2018 in Betrieb gehen. Neben der Raumstation ISS ist ITER das größte Forschungsvorhaben der Menschheit. Die Vorteile sind preiswerte und nie versiegende Ausgangsstoffe (Wasserstoffgas), gigantische Energieausbeute, kein Atommüll und CO_2-freie Produktion. Die Nachteile sind: Erzeugung extrem hoher Temperaturen, die den Wirkungsgrad schmälern – und vor allem die Entstehung radioaktiver Strahlung.

Rätselfragen des Alltags

1. ***Warum kann man eine brennende Wunderkerze nicht auspusten?***
   a) Weil keine brennenden Gase entstehen.
   b) Weil der Brandherd zu heiß ist (über 1000 °C).
   c) Weil der Metalldraht die Wärme so gut leitet.

2. ***Warum brennen Steine nicht?***
   a) Weil Steine eine zu hohe Dichte haben.
   b) Weil Steine schon verbrannt (oxidiert) sind.
   c) Weil Steine zu wenig Sauerstoff enthalten.

3. ***Warum kann man ein brennendes Streichholz auspusten?***
   a) Weil man Kohlendioxid ausatmet und Kohlendioxid die Flamme erstickt.
   b) Weil man durch das Pusten das Brennmaterial abkühlt.
   c) Weil man die brennbaren Rauch- und Schwelgase vom Hölzchen wegpustet.

(Lösungen siehe S. 256)

Literatur

Gisbert Rodewald: *Brandlehre*, Kohlhammer Verlag, Stuttgart 1998

Konrad Kunsch: *Der Mensch in Zahlen*, Fischer Verlag, Frankfurt am Main 1997

Michael Faraday: *Chemical History of a Candle*, Griffin, Bohn, and Company, London 1861

Josef Köhler / Rudolf Meyer: *Explosivstoffe*, Wiley VCH-Verlag, Weinheim 2008

6.

Brisante Moleküle – Explosionen, Detonationen, Feuerwerk

✳ ✳ ✳

Hören oder lesen wir heutzutage von Explosionen, dann assoziieren wir damit vor allem Terroranschläge, Selbstmordattentäter, Krieg und alte Fliegerbomben, die zufällig freigebaggert wurden. Wir haben mediale Kenntnis von Kettenreaktionen, Kernschmelze und Atombomben. Bei Anschlägen ist oft die Rede von Dingen wie C4, Semtex oder Plastiksprengstoff. Die zivile Nutzung von Sprengstoff für den Bergbau, für das Verkehrswesen und den Gebäudeabriss kommt einem nicht so schnell in den Sinn. Eher schon das immer wieder aufs Neue faszinierende Feuerwerk, das sich seit Jahrhunderten größter Beliebtheit erfreut und von vielen wenigstens einmal im Jahr selbst veranstaltet wird. Bevor ich einige Explosivstoffe vorstelle, gibt es noch einiges Grundsätzliches zu den chemischen Voraussetzungen zu sagen.

Chemisch gesehen gibt es einen entscheidenden Unterschied zwischen einer Kernreaktion (Atombombe, Wasserstoffbombe) und der Explosion eines herkömmlichen Sprengstoffs (TNT, Dynamit, Plastiksprengstoff usw.). Bei allen konventionellen Sprengstoffen sind an der Explosion nur die äußeren Elektronen der Sprengstoffmoleküle maßgeblich beteiligt. Der ewig weit entfernte Atomkern kriegt kaum mit, was da an seiner Außenbahn gerade vor sich geht. Es ist fast unglaublich, aber nur eine Handvoll «Außenseiter» sind verantwortlich dafür, wie laut, wie stark, wie heiß, wie schnell sich eine Substanz bzw. ein Stoffgemenge explosionsartig umsetzt.

Bei einer Kernreaktion ist es genau umgekehrt. Mit der haben die Elektronen rein gar nichts zu tun – und wenn es noch so viele sein mögen, wie z. B. beim Uran, um dessen Atomkern sage und schreibe 92 Elektronen wie Satelliten um die Erdkugel «herumfliegen». Sowohl bei der Kernspaltung (Atombombe) als auch bei der Kernfusion (Wasserstoffbombe) liegt das ganze Geschehen allein im Allerheiligsten eines Atoms – in seinem Atomkern. Atomkernkräfte sind unvorstellbar groß. Sowohl ein Auseinanderreißen als auch ein Zusammenpressen ist nur mit größtem technischem Aufwand möglich. Gelingt uns Menschen das dennoch, dann werden dabei ungeheure Energiemengen freigesetzt. Für die Elektronen spielt das letztlich keine Rolle. Sie verteilen sich nach der Explosion einfach auf die entstandenen Produkte.

Explosivstoffe

Laut Sprengstoffgesetz gibt es über 100 verschiedene «explosionsgefährliche» Stoffe, die folgendermaßen definiert sind: «Explosionsfähige Stoffe sind feste, flüssige oder gasförmige Stoffe oder Stoffgemische in einem metastabilen Zustand, die einer schnellen chemischen Reaktion ohne Hinzutreten von weiteren Reaktionspartnern, wie zum Beispiel Luft-Sauerstoff, fähig sind.» Einfacher gesagt: Sprengstoff ist in stofflicher Form konzentrierte Energie.

Grundsätzlich unterscheidet man zwischen Stoffgemischen und einheitlichen Sprengstoffen. Zu den Gemischen gehören Schwarzpulver (Kaliumnitrat, Kohle, Schwefel), das schlagempfindliche Gemisch aus rotem Phosphor und Kaliumchlorat (für sogenannte Amorces, also Knallplättchen, Schreckschussringe für Kinderspielzeug) oder ANC-Gesteinssprengstoffe (Ammoniumnitrat plus Kohle oder Benzin). Zu den einheitlichen Sprengstoffen zählen solche Explosivstoffe, die nur aus einer einzigen Molekülart bestehen. Die Substanz trägt also in sich schon eine explosive Brisanz. Daher auch der Name «brisanter Spreng-stoff» für beispielsweise Nitroglycerin, TNT (Trinitrotoluol), Nitropenta, Hexogen.

Ausnahmslos alle brisanten Spreng- bzw. Explosivstoffe bestehen aus einem Kohlenwasserstoff-Grundgerüst, an das mehr oder weniger viele Nitrogruppen angeknüpft sind. Nitro steht für die Verbindung NO_2. Und das erklärt auch schon das große Geheimnis, warum Butter oder Margarine, die einen erheblich höheren Brenn- bzw. Energiewert (ca. 30 MJ/kg) besitzen als TNT (ca. 4 MJ/kg), nicht explodieren können. Die chemische Bindung zwischen Sauerstoff und Stickstoff ist recht locker. Nitrogruppen sind ideal geeignet und quasi darauf vorprogrammiert, in Stickstoff und in Sauerstoff zu zerfallen. Sauerstoff fördert die Energie-Umsetzung (Feuer, Explosion), und Stickstoff (N_2) ist neben Kohlendioxid und Wasser eines der stabilsten und somit energieärmsten Moleküle im Universum. Ein Molekül oder ein Stoffgemisch wird dann zum Explosivstoff, wenn erstens Brennstoff (z.B. Kohlenstoff) vorhanden, zweitens Sauerstoff (z.B. als Nitrogruppe) dabei, drittens der Sauerstoff locker gebunden ist (z.B. Nitro- und Nitratgruppe) und viertens energiearme Endprodukte (z.B. Wasser, Kohlendioxid, Stickstoff) entstehen. Es mag sich zunächst paradox anhören: Je energieärmer die Endprodukte sind, desto mehr Energie wird bei der Explosion freigesetzt. Aber stellen Sie sich nur vor, Sie zünden Schwarzpulver, und es würde daraus als Endprodukt Gummi entstehen, oder Sie bringen eine TNT-Bombe zur Detonation, und es würde daraus Margarine gebildet. Das würde niemals eine Explosion ergeben, weil die Endprodukte auf einem viel zu hohen und damit stabileren Energieniveau liegen würden. Butter enthält viel Brennstoff in Form von Kohlenstoff – das war's aber auch schon. Keine Nitrogruppen, kein locker gebundener Sauerstoff. Also kein Explosivstoff. TNT besteht aus einem Benzolring aus sechs

Kohlenstoffatomen als Brennmaterial und drei Nitrogruppen. Nitroglycerin besitzt als Brennbasis Glycerin, ein farbloses, dickflüssiges Öl, an welchem drei Nitrogruppen hängen. Und schon ist aus dem harmlosen Salben- und Zahncremeöl ein hochbrisanter, stoßempfindlicher Sprengstoff geworden. Das höchstbrisante Hexogen legt sogar noch eine Schippe drauf! Da besteht das Grundgerüst (ein Sechsring) nicht nur aus Kohlenstoff, sondern auch noch zu gleichen Teilen aus Stickstoff. An den drei Stickstoffatomen hängen drei Nitrogruppen. Besser geht's nicht. Das ist das Faszinierende an der Chemie! Nur wenige Veränderungen in einem Molekül können enorme Auswirkungen nach sich ziehen.

Wichtigster Bestandteil eines Sprengstoffs heutzutage ist Ammoniumnitrat (NH_4NO_3), auch Ammonsalpeter genannt. Diese Substanz ist als Düngemittel (mit entsprechenden Unfällen) in die Geschichte eingegangen und enthält viel Stickstoff und viel Sauerstoff, eignet sich also ideal für Explosionen. Bei einer chemischen Umsetzung entsteht viel Gas (Stickstoff, Kohlendioxid), das für eine große Druckwelle sorgt. Der freiwerdende Sauerstoff fördert die Verbrennung des Brennmaterials, das in Form von Holz, Öl, Fett, Zucker, Metallpulver oder Explosivstoffen dem Ammonsalpeter zugemischt wurde.

Explosion und Detonation

Was ist eigentlich der Unterschied zwischen einer Explosion und einer Detonation? In der Fachwelt gibt es dazu seitenlange theoretische Abhandlungen mit Hugoniot-Kurven und Rayleigh-Geraden, Stoßwellen und Schwadengeschwindigkeiten. Sie brauchen sich nur folgende Faustregel zu merken: Eine Explosion hat gesteinsverschiebende Wirkung, eine Detonation hat gesteinszertrümmernde Wirkung. Das hat vor allem etwas mit der Geschwindigkeit der chemischen Umsetzung zu tun. Explosivstoffe, die sich mit einer Geschwindigkeit von 1500 bis 9000 Meter pro Sekunde (m/s) entladen, erzeugen eine Detonation. Explosivstoffe, die sich langsamer umsetzen, erzeugen «nur» eine Explosion. Beispiel Schwarzpulver: Das ist die Schnecke unter den Explosivstoffen. Wenn Sie mal wieder in einem Western- oder Piratenfilm mit Schwarzpulver gefüllte Fässer in die Luft fliegen sehen, dann ist das ganz nett anzuschauen, suggeriert aber mehr Sprengkraft, als wirklich vorhanden ist. Die Umsetzungsgeschwindigkeit von Schwarzpulver beträgt nur lahme 500 Meter pro Sekunde. Das ist gar nichts. Das ist Pipifax aus Sicht des Sprengmeisters, weshalb es von ihm auch nicht eingesetzt wird. Damit kann man Steine von hier nach dort verschieben, aber keine Tunnel vorsprengen oder Gestein zertrümmern.

Für Böller ist Schwarzpulver dagegen gut geeignet. Chinaböller, kubische Kanonenschläge, Knallfrösche, Ladykracher – überall ist Schwarzpulver drin. Schneidet man einen Böller der Länge nach auf, kommt seine Schwarzpulver-«Seele» zum Vorschein. Zündet man nun die Zündschnur an, verbrennt das Schwarzpulver ohne Knall, nur mit einer zischenden Stichflamme. Also Vorsicht: Lieber nicht selbst ausprobieren! Damit Schwarzpulver knallt, muss es fest eingewickelt, das heißt verdämmt sein. Papierrolle, Schwarzpulver rein, vorne und hinten fest zudrehen, fertig. Die entstehenden Gase bewirken eine starke Ausdehnung, bis der Druck so groß ist, dass die Papierrolle platzt. Dann kommt es zum Knall, weil die Luft zuerst auseinandergedrückt wird und anschließend wieder zusammenknallt: Bumm! Wegen dieser Knallfreudigkeit und wegen seiner preiswerten Herstellung ist Schwarzpulver der meistverwendete Explosivstoff beim Feuerwerk.

Chemie des Feuerwerks

Es geschieht jedes Jahr aufs Neue: Wie auf Kommando startet am 29. Dezember der große Run auf das reichhaltige Sortiment an Feuerwerkskörpern der Klasse II. Vor allem viele junge Männer gehen wie selbstverständlich davon aus: Je größer die Rakete, desto besser, potenter ist sie. Das ist falsch! Laut Sprengstoffgesetz ist genau vorgeschrieben, wie viel Gramm Schwarz- bzw. Effektpulver in einer Rakete eingewickelt werden darf: nämlich maximal 20 Gramm pro Rakete, davon maximal 10 Gramm Treibsatz (Schwarzpulver) und maximal 10 Gramm Effektsatz (z. B. für rote Sterne). Nach der EU-Richtlinie vom 1. Januar 2010 sollen alle Regelungen für sämtliche Mitgliedsstaaten bis spätestens 2017 verbindlich gelten und umgesetzt sein. Das heißt, in allen in- und ausländischen Raketen, egal, wie groß, wie toll, wie sensationell der Name, stecken immer bloß 20 Gramm pyrotechnischer Satz drin. Das wissen natürlich alle Pyro-Hersteller, aber kaum ein Verbraucher. Die ganze Verpackung, die ganze Aufmachung der neuesten Raketen ist nur Trug und Schein. Die Rechnung geht auf, und die Pyro-Industrie reibt sich die Hände: 2009 wurden in Deutschland rund 100 Millionen Euro für Feuerwerkskörper ausgegeben. Da erfindet man als Hersteller doch gerne für jedes Silvester neue, spektakuläre, vielversprechende Raketennamen wie «Star Searcher», «Sky Fighter», «Megastars», «Fantastic Colours» usw. Den vielen gefällt's, und sie lassen sich jedes Jahr aufs Neue täuschen.

Deshalb mein Tipp für meine weiblichen Leserinnen: Seien Sie klüger als die Männer! Fallen Sie nicht auf die Größe, die Verpackung, die Aufmachung der männlichen «Rakete» herein. In ausnahmslos allen Raketen steckt die gleiche winzige Menge von etwa 5 Gramm Schwarzpulver drin und pro Gramm etwa

80 Millionen «Sternchen mit Schweif» – egal, wie groß, wie lang, wie dick die Teile sind.

Bei einem Feuerwerk achte ich vor allem darauf, ob auch blaue Effekte zu sehen sind. Denn blaue Feuererscheinungen sind schwierig herzustellen. Rotes Feuer ist total easy, da ist Strontium oder Lithium in der Zündmasse enthalten. Diese Metalle verbrennen mit intensiv roter Flamme. Gelbe Sterne erhält man leicht mit Natrium, Goldregen erzeugt man mit Eisen- oder Kohleteilchen, die nicht sehr heiß verbrennen, sondern eher goldgelb glühen. Grüne Effekte werden mit Barium oder Bor erzeugt, und für weiß-grelles Licht verwendet man Magnesium oder Aluminium. Blaue Effekte hingegen sind nicht so einfach zu bekommen, weil es mit Ausnahme von Kupfer keine Metalle oder Stoffe gibt, die mit intensiver blauer Flamme verbrennen. Kupferverbindungen verbrennen schwachblau-grünlich, zersetzen sich aber sehr leicht in der heißen Flamme.

Der Aufbau einer Effektrakete ist immer gleich. Als Treibladung wird Schwarzpulver verwendet, das den Effekt in den Nachthimmel befördert. Die Effektmischung besteht aus einem Brennstoff (früher: Kohle, Zucker, Holz; heute: Kunststoffe, Harze, Metalle) und einem Oxidationsmittel (Metallnitrat, Metallchlorat als Sauerstofflieferant). Dabei wird sinnvollerweise das farbgebende Metall gleich als Nitrat (oder Chlorat) eingesetzt. So schlägt man zwei Fliegen mit einer Klappe, z. B. besteht ein rotes bengalisches Feuer aus Strontiumnitrat, Magnesium und PVC (Polyvinylchlorid).

Knalleffekte

Während Chinaböller aller Sorten und Größen, Kanonenschläge und Knallfrösche nichts weiter als Schwarzpulver in sich tragen, das bei Entzündung explosionsartig reagiert, funktionieren

Knallerbsen völlig anders. In einem kleinen Seidenpapiertütchen sind einige winzige Steinchen eingewickelt. Die Oberfläche dieser Kieselsteinchen ist mit einer außerordentlich schlagempfindlichen Substanz namens Silberfulminat benetzt worden. Silberfulminat besteht aus Silber, Kohlenstoff, Stickstoff und Sauerstoff, ist sehr instabil und explodiert wirklich fulminant. Wirft man eine Knallerbse auf den Boden, dann zerfällt das Fulminat schlagartig mit lautem Knall u. a. in CO_2 und N_2. Dabei wird metallisches Silber freigesetzt, das sich als schwarzer Belag auf den Kieselsteinchen niederschlägt. Vor dem Knall sind die Steinchen hell, nach dem Knall sind sie schwarz. Überzeugen Sie sich an Silvester selbst!

Will man es aber richtig heftig krachen lassen, dann muss man eine Mischung aus Magnesiumpulver (Brennmaterial) und Kaliumperchlorat oder Strontiumnitrat (Sauerstofflieferant) zur Reaktion bringen. Diese Mischung kann nur in einem speziellen Abschussrohr aus Eisen (elektrisch) gezündet werden und verbrennt so blitzartig schnell, dass ein gewaltiger Donner entsteht. Selbstverständlich ohne Verdämmung. Man spürt die Druckwelle am Körper – noch auf dem letzten Platz eines Zuschauersaals für 1200 Menschen –, und der Staub rieselt von der Decke. Das Rohr ist zugelassen für maximal zwölf Einheiten. Mehr als sechs Einheiten, die mit 140 Dezibel (dB) explodieren, habe ich bisher in meinen Shows noch nicht eingesetzt. Diese 140 Dezibel entsprechen der Lautstärke eines Düsenflugzeugs in 25 Meter Entfernung oder der Lautstärke eines Rockkonzertes mit einem Meter Abstand vom Lautsprecher. Aufgrund seiner Brisanz muss man mindestens 21 Jahre alt und Inhaber eines pyrotechnischen Erlaubnisscheins nach § 7 SprengGesetz sein, um diesen Knall durchführen zu dürfen.

Als Sprengstoff werden aber nicht nur brisante, explosionsfähige Moleküle eingesetzt, sondern auch so verblüffend harmlose Substanzen wie Wasser. Wussten Sie, dass man mit Wasser sprengen kann?

Kalter Sprengstoff

Das haben schon die alten Germanen gemacht: einfach Wasser in Felsspalten gießen und über Nacht einfrieren lassen. Eis dehnt sich aus, braucht mehr Platz als die gleiche Menge Wasser. Dadurch baut sich ein enormer Druck auf, der so stark ist, dass das Gestein zerbricht. Genauso entstehen im Winter ja auch die Schlaglöcher. Es regnet. Das Wasser fließt durch kleine Risse in den Asphalt. Über Nacht gefriert das Wasser zu Eis und – knack. Kein Problem für das Eis, Asphalt, Beton oder Stein zu sprengen. Die Volumenzunahme beim Übergang von Wasser zu Eis beträgt nur 9 Prozent! Wasser hat seine höchste Dichte bei 4°C, bei weiterer Abkühlung nimmt die Dichte wieder ab und das Volumen zu. Ab 0°C entsteht Eis. Kein (natürlicher) Stoff auf der Welt dehnt sich aus, wenn man ihn im flüssigen Zustand bis zum Erstarren abkühlt (z.B. Metalle). Daher spricht man beim Wasser auch von der Anomalie des Wassers. Diese Anomalie lässt alle Seen, Tümpel und Pfützen von oben nach unten zufrieren. Ganz unten ist das Wasser 4°C kalt, darüber 3°C, darüber 2°C, darüber 1°C, und dann kommt die gefrorene Schicht, das Eis.

In einer meiner Science-Shows demonstriere ich diesen Anomalie-Effekt mit Hilfe einer sogenannten Sprengkugel. Das ist eine faustgroße, hohle Kugel aus Gusseisen. Mit Wasser gefüllt und fest zugeschraubt, lege ich solch eine Sprengkugel in flüssigen Stickstoff (−196°C!!). Nach etwa zwei Minuten ist das Wasser in der Kugel komplett gefroren und der Druck so groß, dass die Eisenkugel regelrecht explodiert und in vier bis fünf Scherben zertrümmert wird. Dabei schießt eine gewaltige, 2 bis 3 Meter hohe Nebelfontäne aus dem Behälter. Absolut spektakulär!

Sie können dieses Experiment auch als harmlose «pro-domo-Version» durchführen.

....

EXPERIMENT: SPRENG-EIS

Sie brauchen:
1 kleines Kunststoffgefäß, z.B. eine leere Filmdose mit
Deckel, falls Sie in der heutigen digitalen Welt noch
eine ergattern können – oder die Plastikhülle eines
Überraschungseis.
Wasser

Durchführung: Füllen Sie die Filmdose oder die Überra-schungsei-Hülle (am besten komplett unter Wasser im Waschbecken) mit Wasser und schließen Sie das Behältnis fest zu und trocknen es sorgfältig von außen ab. Nun legen Sie das wassergefüllte Döschen bzw. Ei über Nacht in das Eis-fach Ihres Kühlschranks.

Am nächsten Morgen sehen Sie das Ergebnis: Ihr Kühl-schrank steht unversehrt an Ort und Stelle, doch immerhin ist der Deckel vom Döschen abgesprungen oder zumindest ange-hoben. Das ausgedehnte Eis hat sich Platz verschafft und Druck ausgeübt. Oder Sie führen die ganz einfache Variante durch: Eiswürfel beobachten. Dazu füllen Sie die Eiswürfelform mit Wasser und markieren den Wasserstand. Nach Umwand-lung zum Eiswürfel werden Sie feststellen, dass die Eiswür-fel einige Millimeter über die Markierung «gewachsen» sind.

....

Auch heute gibt es tatsächlich noch sogenannten kalten Spreng-stoff – auch als «Expansivmittel» bezeichnet. Das ist kein reines Wasser mehr, sondern ein Pulver, das in Wasser eingerührt und als Brei in Bohrlöcher gegossen wird. Das Expansivmittel quillt auf und entwickelt einen solchen Druck, dass Mauerwerk, Beton oder Fels gespalten werden. Natürlich ohne große Explosion, ganz leise.

Hier nun eine kleine «Hitliste», die Top Ten der besten, erfolgreichsten und meistgenutzten brisanten Sprengstoffe.

Platz 10: Schwarzpulver

Schwarzpulver, eine Mischung aus Kaliumnitrat, Schwefel und Kohlenstoff, ist mit Abstand der dienstälteste Sprengstoff: in China seit 1200 und in Europa seit dem 14. Jahrhundert in Gebrauch. Heutzutage kommt es jedoch nur noch in Feuerwerken zur Aktion, weil es als Sprengmittel schlicht zu «lahm» ist.

Platz 9: Nitrocellulose

Nitrocellulose ist nitrierte Baumwolle mit unterschiedlichem Gehalt an Nitrogruppen zwischen 10 bis 14 Prozent. Wird auch als Schießbaumwolle oder Collodiumwolle bezeichnet und war von großer Bedeutung dafür, Nitroglycerin unter Kontrolle, sprich handhabungssicher zu machen (als Sprenggelatine).

Pulverisierte Nitrocellulose wird vor allem als Treibmittel für militärische Schusswaffen verwendet, weil es im Gegensatz zum bis dahin verwendeten Schwarzpulver rauchärmer und somit sauberer ist. Durch die fast rückstandslose schnelle Verbrennung entwickelt Nitropulver auch einen höheren Gasdruck in der Patrone.

Platz 8: Trinitrotoluol (TNT)

TNT ist ein gelblich kristallines Pulver, das absolut handhabungssicher ist, aber trotzdem eine hohe Sprengkraft besitzt. Man kann es leicht verflüssigen und in Formen gießen. TNT ist der am meisten gebrauchte militärische Sprengstoff weltweit mit einer Detonationsgeschwindigkeit von 6900 m/s.

Platz 7: Nitropenta

Nitropenta ist ein farbloses kristallines Pulver. Das Molekül besteht aus fünf Kohlenstoffatomen («pénte», griech. für «fünf»), die mit vier Nitratgruppen verbunden sind. Nitrate sind NO_3^--Einheiten. Der korrekte chemische Name lautet übrigens Pentaerythrityltetranitrat. Nitropenta ist gering empfindlich, relativ stabil und neben Hexogen einer der stärksten und brisantesten Sprengstoffe. Sein Einsatz reicht von gewerblichen Sprengschnüren über Plastiksprengstoff, wie z.B. Semtex, bis hin zu militärischen Zwecken, vermischt mit Wachs als Füllmittel für Handgranaten. Es hat eine Detonationsgeschwindigkeit von 8400 m/s.

Sprengschnüre sehen aus wie Zündschnüre, sind aber hochbrisant und detonieren entlang ihrer gesamten Länge (z.B. 50 Meter) mit der Detonationsgeschwindigkeit des enthaltenen Sprengstoffes. Man kann damit also linienförmige Bauwerks-, Metall- und Baumsprengungen durchführen. Eine wichtige Anwendung ist die Sprengung des Kabinendaches bei einem Schleudersitz im Düsenjet.

Platz 6: Hexogen

Hexogen ist ein farbloses kristallines Pulver. Das Molekül ist ein nitrierter Sechsring («hex», griech. für «sechs»), dessen Spannungen zur Brisanz beitragen. Hexogen ist neben Nitropenta der wichtigste hochbrisante Sprengstoff mit der unglaublichen Detonationsgeschwindigkeit von 8800 m/s.

Mit Vaseline vermischt wurde Hexogen als weltweit erster Plastiksprengstoff im Zweiten Weltkrieg von den Deutschen angewendet. Hexogen wird ausschließlich militärisch genutzt, als Mischung mit TNT und Aluminium z.B. in Torpedos und Fliegerbomben.

Platz 5: Nitroglycerin (Glycerintrinitrat)

Nitroglycerin, erstmals 1847 von dem italienischen Chemiker Ascanio Sobrero (1812–1888) hergestellt, ist eine gelbliche, ölige, extrem erschütterungsempfindliche Flüssigkeit mit gewaltiger Explosivkraft und einer Detonationsgeschwindigkeit von 7600 m/s.

Der kleine Bruder davon ist Nitroglykol, das fast identische Eigenschaften aufweist. Aufgrund ihrer hochbrisanten Explosivität und ihrer großen Stärke kommen Nitroglycerin und Nitroglykol nie allein zum Einsatz, sondern immer nur als Mischung. Beide Explosivstoffe sind die wichtigsten und meistgebrauchten Sprengstoffbestandteile für gewerbliche Sprengungen.

Platz 4: Dynamit

1866 kam der schwedische Chemiker Alfred Nobel (1833–1896) auf die weltverändernde Idee, das höchst stoßempfindliche Nitroglycerin von superporösem, feinem, tonähnlichem Material aufsaugen zu lassen. Er verwendete Kieselgur – ein weißes Pulver, das hauptsächlich aus Siliciumdioxidschalen fossiler Algen besteht. Heraus kam das absolut schlagunempfindliche, handhabungssichere Dynamit (genauer: Gur-Dynamit), das eine Detonationsgeschwindigkeit von etwa 7000 m/s aufweist. Nitroglycerin und Kieselgur stehen in einem Verhältnis von 75:25.

Tränkt man 6 bis 8 Prozent Nitrocellulose (Schießbaumwolle) mit 92 bis 94 Prozent Nitroglycerin, erhält man einen der weltweit stärksten gewerblichen – gelartigen – Sprengstoffe: die Sprenggelatine mit einer Detonationsgeschwindigkeit von 7700 m/s.

Aufgrund ihrer zu hohen Sprengleistung werden Dynamit und Sprenggelatine nicht mehr gewerblich verwendet. Doch ohne Dynamit wäre der rasante Ausbau der Verkehrswege im 19. Jahrhundert niemals möglich gewesen. Ohne Dynamit gäbe es keinen St.-Gotthard-Tunnel (Bauzeit: 1872–1882), keinen Tauerntunnel (Bauzeit: 1901–1907), keinen Panama-Kanal (Bauzeit: 1879–1890 und 1903–1914; Dynamitverbrauch: 30 000 Tonnen).

Platz 3: Ammonit

Ammonit ist ein pulverförmiges Gemisch aus Ammoniumnitrat (Ammonsalpeter) und einer kleinen Menge TNT (Trinitrotoluol) und wird für Gesteinssprengungen verwendet. Ammonit wird auch als Lawinensprengstoff zum kontrollierten Lawinenabgang eingesetzt und hat eine Detonationsgeschwindigkeit von etwa 4000 m/s.

Platz 2: Donarit

Donarit ist ein pulverförmiges Gemisch aus Ammoniumnitrat (Ammonsalpeter) und einer kleinen Menge Sprengöl. Sprengöle sind flüssige, hochbrisante Explosivstoffe, wie z. B. Nitroglycerin oder dessen Bruder Nitroglykol, mit einer Detonationsgeschwindigkeit von etwa 4000 m/s.

Donarit hat einen gewissen Anteil an schiebender Wirkung und wird in Kali- und Steinsalzgruben und für den Erzbergbau über Tage eingesetzt.

Platz 1: Ammon-Gelit

Ammon-Gelit ist ein handhabungssicherer, gelartiger Ammonsalpeter-Sprengstoff – eine Mischung aus Ammoniumnitrat und flüssigem Nitroglykol mit einer Detonationsgeschwindigkeit von etwa 5800 m/s.

Die gesteinszertrümmernde Wirkung entspricht dem von Dynamit. Ammon-Gelit eignet sich zum Sprengen von zähen und harten Gesteinen und Erzen. Es gefriert nicht und ist wasserfest.

Generell gilt: Ammonsalpeter-Sprengstoffe sind heutzutage die gewerblichen Sprengstoffe der Wahl: handhabungssicher, preiswert, stark.

Plastiksprengstoff

Bei den unzähligen Terroranschlägen und Selbstmordattentätern, die sich mit Sprengstoff in die Luft jagen, hört und liest man viel über «Plastiksprengstoff» – eine Bezeichnung, die genau genommen irreführend ist. Richtig müsste es «plastischer Sprengstoff» heißen. Seine Konsistenz ist wie die von Kitt, was ihn formbar macht. Zu den bekanntesten plastischen Sprengstoffen gehört zum einen Semtex, eine Mischung aus Hexogen, Nitropenta und weichem Kunststoff (Styrol-Butadien-Copolymerisat), die für gewerbliche Zwecke eingesetzt wird; und zum anderen C4, eine Mischung aus 91 Prozent Hexogen und 9 Prozent weichem Kunststoff (Polyisobutylen), die für militärische Zwecke genutzt wird.

ZUSAMMENFASSUNG

Explosivstoffe können zerstören und Unheil anrichten, aber auch helfen und faszinieren. Wenn Sie nicht beruflich mit Explosivstoffen zu tun haben, sollten Sie die Finger davon lassen. Es sei denn, es ist Silvester und Feuerwerkszeit. Die Schönheit und Brillanz eines Feuerwerks fasziniert Menschen auf allen Kontinenten. Dafür können die Moleküle nichts, denn sie tun das, was sie nach den chemischen Gesetzen immer tun werden. Auch an den Unfällen, die immer wieder passieren, sind die Moleküle «unschuldig». In allen Fällen ist die Unachtsamkeit des Menschen die Ursache des Übels.

Rätselfragen des Alltags

1. *Warum friert ein See nicht von unten nach oben zu?*
   a) Weil Wasser seine höchste Dichte bei 4 °C hat.
   b) Weil 0 °C kaltes Wasser (Eis) leichter ist als 1 bis 4 °C kaltes Wasser.
   c) Weil das Volumen von Wasser von 4 bis 0 °C stetig zunimmt.

2. *Warum kann man aus Sand keinen Explosivstoff herstellen, obwohl Sand 60 bis 80 Prozent Sauerstoff enthält?*
   a) Weil Sand kein Metall enthält.
   b) Weil der Sauerstoff im Sand fest und energetisch stabil gebunden ist.
   c) Weil Sand eine zu hohe Dichte hat.

(Lösungen siehe S. 256)

Literatur

Gisbert Rodewald: *Brandlehre*, Kohlhammer Verlag, Stuttgart 1998
Josef Köhler / Rudolf Meyer: *Explosivstoffe*, Wiley VCH-Verlag, Mannheim 1998

7.

Chemie in der Vergangenheit
– historische Erfindungen

∗ ∗ ∗

Was wäre eine Naturwissenschaft ohne nützliche Erfindungen für den Alltag? Sie wäre nichts wert. In diesem Kapitel möchte ich einige bemerkenswerte und kuriose historische Erfindungen aus dem Bereich der Chemie vorstellen, allerdings ohne Anspruch auf Vollständigkeit: angefangen bei den Streichhölzern und dem Feuerzeug über Glühstrümpfe und Grubenlampen sowie dem Thermitverfahren bis hin zum elastischen Gummi.

Erfindung der Streichhölzer

Fluch und Segen liegen über den genial einfachen und doch so gefährlichen Zündhölzern. Das hat schon der Frankfurter Arzt Heinrich Hoffmann (1809–1894) in dem Gedicht «Die gar traurige Geschichte mit dem Feuerzeug» aus seinem berühmten *Struwwelpeter* von 1845 zum Thema gemacht, genau in der Zeit, als die Streichhölzer den Markt eroberten. Da heißt es über Paulinchen:

Da sah sie plötzlich vor sich stehn
ein Feuerzeug, nett anzusehn.
«Ei», sprach sie, «ei, wie schön und fein!
Das muss ein trefflich Spielzeug sein.
Ich zünde mir ein Hölzchen an,
wie's oft die Mutter hat getan.»

Damit wäre die Schuldfrage bereits geklärt. Die Mutter hat's verbockt, denn sie hat vergessen, die Streichholzschachtel für Kinderhände unerreichbar wegzuräumen. So nimmt nun das Feuerschicksal seinen Lauf:

Paulinchen hört die Katzen nicht!
Das Hölzchen brennt gar hell und licht,
das flackert lustig, knistert laut,
grad wie ihr's auf dem Bilde schaut.
Paulinchen aber freut sich sehr
und sprang im Zimmer hin und her.

Wenn ich mit einem brennenden Streichholz hin und her springe, geht es aus. Denn so stark brennt die kleine Flamme nicht, dass sie den Windzug aushalten würde. Warum hat Paulinchen das Streichholz überhaupt angezündet? Einfach so, weil Feuer fasziniert. Warum zünden meine Kinder am Adventskranz so gerne Streichhölzer an – am liebsten mit «zisch» direkt an einer brennenden Kerze? Einfach so, weil es spannend, toll, gefährlich, spektakulär ist. Ja, das ist Chemie!

Doch weh! Die Flamme fasst das Kleid,
die Schürze brennt; es leuchtet weit.
Es brennt die Hand, es brennt das Haar,
es brennt das ganze Kind sogar.

Hätten die beiden Katzen Minz und Maunz ihre Tränenbächlein eher geweint, dann hätten sie Paulinchen vielleicht noch löschen können. Schade.

Die ersten chemischen Zünder, die entwickelt wurden, nannte man Prometheus-Zünder. Sie hielten 1807 Einzug in die Wohnstuben. Man mischte Puderzucker mit der sauerstoffreichen

Substanz Kaliumchlorat (1786 entdeckt), das 1500-mal mehr Sauerstoff in sich trägt als die gleiche Menge Luft. Dieses Gemisch war noch kein Streichholz, sondern lediglich eine Feuer entwickelnde Mischung. Gezündet wurde mit konzentrierter Schwefelsäure. Dazu wurde die Säure in kleine Glasampullen (tropfenförmige hohle Glaskügelchen) abgefüllt. Zur Zündung gab man etwa einen Teelöffel des Gemisches zusammen mit einer Säure-Ampulle in eine kleine Papiertüte. Mit Hilfe einer Zange wurde dann die Ampulle zerbrochen, die Säure lief aus und reagierte mit dem Pulver. Durch die heftige Reaktion zwischen Säure und Zucker wurde es so heiß, dass die enorme Hitze u. a. das Kaliumchlorat zu Sauerstoff zersetzte, der die gesamte Mischung schließlich in Flammen aufgehen ließ. Das Papiertütchen brannte, und man konnte sein Feuerchen für Ofen oder Herd anzünden. Allerdings war die Bude voller Qualm! Alternativ gab es Tauchzündhölzer, und die funktionierten so: Auf ein Schwefelholz, einen Holzstab mit einer etwa einen Zentimeter langen Schwefelschicht an einem Ende, wurde zusätzlich das Gemisch aus Kaliumchlorat und Zucker geklebt. Diese Hölzchen wurden dadurch entzündet, dass man ihren Kopf in eine Flasche tauchte, die mit Schwefelsäure angefeuchteten Asbest enthielt. Heute unvorstellbar: Was für ein Qualm, dann die Säure und der Asbest im Haus, die aufwendige Herstellung der Glasampullen ... Nein, der Prometheus-Zünder war noch nicht das Gelbe vom Ei und verschwand bald wieder von der Bildfläche.

1826, der Tag vergeht, Johnny Walker kommt. Er bringt aber keinen Whisky mit, sondern ein schwarzes Pulver. Es ist kein Schwarzpulver, sondern Antimonsulfid. Antimon ist ein Metall, Sulfid bedeutet Schwefel. Also eine Metall-Schwefel-Verbindung. Man wusste schon damals, dass Schwefel und Schwefelverbindungen sehr gut brennen und leicht zu entzünden sind: «Es brennt wie Pech und Schwefel.» Der englische Chemiker und Apotheker John Walker (1781–1859) mischte Antimonsulfid mit dem bereits bekannten Kaliumchlorat. Durch Zufall entdeckte er, dass sich dieses Gemisch mit weißer Flamme und großen Rauchschwaden entzündet, wenn man mit einem scharfkantigen Stein kräftig durch die Mischung reibt. Walker stellte die ersten brauchbaren Streichhölzer her, indem er das Antimonsulfid-Kaliumchlorat-Pulver auf lange Hölzchen klebte. Mit Hilfe eines Sandpapiers konnte man die Hölzer entzünden. Allerdings funktionierten sie nicht immer zuverlässig und entwickelten mächtig viel unangenehmen Rauch.

Der Durchbruch kam mit der Entdeckung des roten Phosphors um 1845. Wiederum mit Kaliumchlorat vermischt und auf Holzstäbchen geklebt, konnte man diese Hölzer an jeder rauen Fläche anzünden. Wie Clint Eastwood ganz cool an seinen Cowboystiefeln und an Hauswänden oder Lee van Cleef todesmutig am buckligen Rücken von Bösewicht Klaus Kinski. Ein Gemisch aus rotem Phosphor und Kaliumchlorat ist hochbrisant und kann explosionsartig reagieren! Als Jugendlicher habe ich damit einige Knallexperimente im Garten meiner Eltern durchgeführt. Und einer meiner Freunde hatte eines Tages die Idee, bei sich auf der Terrasse eine kleine Menge dieser Mischung mit einer Geldmünze auf dem Steinboden zu verteilen. Dieses bisschen Reiben hatte genügt, um eine explosionsartige Entzündung auszulösen. Heute muss er leider mit nur 40 bzw. 60 Prozent Sehkraft und einer Brille leben. Bitter.

Da mit diesen Streichhölzern viele Unfälle passiert sind und im harmlosesten Fall einige Hosentaschen in Flammen aufgingen, wurden sie verboten. Der deutsche Chemiker Rudolf Christian Böttger (1806–1881) kam 1848 auf die total einfache, aber geniale Idee, beide Stoffe räumlich zu trennen. Den roten Phosphor verbannte er auf die Reibfläche, zusätzlich mit Glaspulver versehen für eine wirksamere Reibung. Das Kaliumchlorat steckte zusammen mit Antimonsulfid als Brennmaterial im Streichholzköpfchen. Beim Reiben gibt es eine kleine Explosion, und das Köpfchen entzündet sich. Daran hat sich bis heute im Wesentlichen nichts geändert. Der Siegeszug der Sicherheitsstreichhölzer war eingeläutet. Übrigens: Holz entzündet sich erst ab etwa 300 °C. Daher war früher unter dem Köpfchen auf dem Holz noch Schwefel aufgetragen. Denn Schwefel

> In Großbritannien werden pro Jahr über 100 Milliarden Streichhölzer verbraucht. Dies entspricht etwa dem Holz von 70 000 Bäumen.

brennt gut und diente somit als «Verbrennungsvermittler», damit sich das Holz besser und sicherer entzündet. Weil Schwefel giftig ist, nimmt man heute Wachs bzw. Paraffin. Das können Sie bei jedem brennenden Streichholz gut beobachten: Direkt hinter der Flammenfront erkennt man eine flüssige, glänzende Schicht.

Das berühmteste Feuerzeug der Welt

Neben den Zündhölzern als Feuerquelle wurden auch Feuerzeuge erfunden. Das bekannteste, berühmteste und wahrscheinlich älteste Feuerzeug ist das «Döbereiner-Feuerzeug» von 1823. Von dieser auch Platinschwammfeuerzeug bezeichneten Erfindung wurden über 20 000 Exemplare gebaut. Ein echter Verkaufsschlager. Auch Goethe hatte eins und war begeistert davon. In einem Schreiben vom 7. Oktober 1826 bedankte er sich bei Döbereiner für das überreichte Feuerzeug mit folgenden Worten: «... da Ihr so glücklich erfundenes Feuerzeug mir täglich zur Hand steht und mir der entdeckte so wichtige Versuch von so tatkräftiger Verbindung zweierlei Elemente ... immerfort auf eine wundersame Weise nützlich wird ...»

Das Feuerzeug bestand aus einem Glasbecher, einer einge-
setzten Glasglocke und einem Ventil, und es gab verschiedene
Ausführungen davon: Der Behälter war aus durchsichtigem
oder farbigem Glas, aus Messing oder Blech, mit Holz ummantelt, mit Lackmalerei verziert usw. Johann Wolfgang Döbereiner
(1780–1849), seit 1810 Professor für Chemie, Pharmazie und
Technologie in Jena, hatte herausgefunden, dass schwammför-
miges, also sehr poröses Platin das ansonsten extrem explosive
Knallgasgemisch aus Wasserstoff und Sauerstoff bei Raumtemperatur *ohne* Explosion entzünden kann. Unter dem Einfluss
von Platin vereinigen sich also Wasserstoff und Sauerstoff bei
Zimmertemperatur unter Bildung von Wasser. Aus dieser Entdeckung der katalytischen Wirkung des Platins heraus entwickelte er sein berühmtes Döbereiner-Feuerzeug.

Mit Hilfe von Zink und Schwefelsäure wurde im Feuerzeug
in einer separaten Glasglocke Wasserstoffgas hergestellt. Drückt
man einen Hebel, öffnet sich ein Ventil, und das Wasserstoffgas
strömt gegen das Platin. Ohne jede Erhitzung, ohne irgendeine
Energiezufuhr wird das Platin wie von Geisterhand rot glühend
heiß, obwohl nur Wasserstoff dagegen bläst. Ist das Platin heiß
genug, dann entzündet sich der Wasserstoff, und man hat ein
Feuerzeug. Man kann es beliebig oft anzünden, denn das Platin
verbraucht sich nicht. Platin fungiert hier lediglich als Katalysator. Durch den Verlust an Gas steigt in der Flasche die Schwefelsäure im inneren Gefäß hoch und berührt schließlich das
hängende Zink. Zink reagiert wieder mit Schwefelsäure zu Wasserstoff. Dadurch steigt der Gasdruck an und drückt die Schwefelsäure nach unten, so lange, bis das Zink nicht mehr berührt
wird. Nun hört die Wasserstoffentwicklung auf, und das Feuerzeug ist wieder mit Wasserstoffgas voll geladen, und es kann
von vorne los gehen. Genial!

Platin hat die sensationelle Eigenschaft, Wasserstoffgas an

seiner Oberfläche zu binden und zu aktivieren. Der aktivierte Wasserstoff reagiert nun mit dem Sauerstoff in der Luft zu Wasser. Dabei entsteht enorm viel Energie, die das Platin zum Glühen bringt. Als «Abfallprodukt» entsteht nur harmloses Wasser in Form von Wasserdampf. Diese katalytische Eigenschaft von Platin nutzt man vor allem in Brennstoffzellen, in denen Wasserstoff mit Sauerstoff an Platin zur Energieerzeugung in Form von Strom genutzt wird, um z.B. Elektroautos anzutreiben.

Leuchtendes Gas: der Glühstrumpf

Gas wurde und wird seit 1792 als Beleuchtungsmittel benutzt, erstmals in einer Fabrik in England. Das Methangas war Abfallprodukt bei der Kohleveredelung in Kokereien. Es wurde einfach in einem Brenner angezündet und so verbrannt, wie es gerade aus der Leitung kam. Allerdings leuchtet Methangas (heute: Stadtgas bzw. Erdgas) nicht sonderlich hell. Das wurde 1885 schlagartig anders durch die Erfindung des sogenannten Auer-Glühstrumpfes durch den österreichischen Chemiker Carl Auer von Welsbach (1858–1929). Glühstrumpf-Leuchten gibt es auch heute noch in Bergsportläden. Hält man einen fertig präparierten Glühstrumpf in eine nicht leuchtende heiße Gasflamme beispielsweise eines Bunsenbrenners oder eines Campingkochers, dann beginnt der Glühstrumpf grellweiß zu leuchten. Glühstrümpfe bestehen aus den Oxiden der Metalle Yttrium und Cer (früher: Thorium und Cer). Diese Metalle gehören zu den «Seltenen Erden» und haben die außergewöhnliche Eigenschaft, heiße, brennende Gase in Licht umzuwandeln. Ähnlich wie bei einer Herdplatte aus Eisen oder Ceranglas. Wenn die Herdplatte ganz heiß wird, strahlt sie rot glühendes Licht ab. Werden Thorium oder Yttrium ganz heiß gemacht, dann strahlen sie kein rotes, sondern blendend weißes Licht ab. Auer von Welsbach war Patentinhaber dieser Erfindung und wurde damit zum Multimillionär. Später hat er auch noch den Feuerstein für Feuerzeuge erfunden, eine Mischung aus Eisen und Cer.

Sehr interessant ist die Herstellung eines Glühstrumpfes. Ein Glühstrumpf ist ein netzartiges Gewebe aus Baumwolle oder Kunstseide und sieht fast aus wie ein Strumpf, hat aber zwei Löcher, eins unten, eins oben. Es ist also eher ein Schlauch als ein Strumpf («Strumpf» ist historisch zu erklären). Dieser Baumwollstrumpf ist mit Yttriumnitrat (früher: mit Thoriumnitrat) getränkt und getrocknet worden. Nitrat kennt man vom Schwarzpulver und Zündschnüren. Es enthält konzentrierten Sauerstoff in fester Form, etwa 1000-mal mehr Sauerstoff als die gleiche Menge Luft. Folglich brennt der Strumpf recht gut, wie eine Zündschnur. Der Glühstrumpf-«Rohling» muss z. B. auf die Düse eines Gasbrenners gefummelt werden. Entzündet man ihn dann mit einem Feuerzeug oder einem Streichholz, so geschieht eine faszinierende Umwandlung, wie eine Metamorphose von der Raupe zum Schmetterling. Der Baumwollstrumpf verbrennt vollständig zu schwarzer Asche bzw. zu gasförmigem Kohlendioxid (CO_2) und löst sich in nichts auf, gleichzeitig dehnen die sich bildenden Verbrennungsgase den Strumpf zu einer Kugel (um die Brennerdüse) aus. Dann wird die schwarze Kugel plötzlich von allen Seiten her schneeweiß. In dem Nitrat ist so viel Sauerstoff, dass einerseits die Baumwolle zu CO_2 verbrennt und gleichzeitig aus dem Metallnitrat das Metalloxid entsteht. Es bildet sich nämlich Yttriumoxid (Y_2O_3), also das Verbrennungsprodukt mit Sauerstoff (so wie aus Eisen und Sauerstoff Rost [Fe_2O_3] entsteht). Yttriumoxid (auch Thoriumoxid) ist weiß wie Schnee und hat keramische Eigenschaften. Erstaunlich dabei: Das übrig gebliebene Oxidgerüst hat genau die gleiche Struktur wie der verbrannte Glühstrumpf! Das Baumwollgewebe diente quasi als Matrize. Es hat sich ein selbsttragendes, superfeines, netzartiges weißes Yttriumoxid-Gerüst gebildet, das wie aus feinstem Keramik gebaut ist. Berührt man es mit den Fingern, zerfällt es zu weißem Staub. Die weißen Metalloxide halten Temperaturen bis zu 3200 °C aus!

Gaslaternen mit Glühstrumpf gibt es seit 1885, und auch heute noch findet man sie in vielen Städten wie z.B. in Düsseldorf, Dortmund, Dresden, Berlin. Alle heutigen Gaslaternen leuchten mit Hilfe eines Glühstrumpfes. Es gibt im Campingbedarf und in Bergsportläden eine Vielzahl von Gasleuchten für stromunabhängige Beleuchtungszwecke. Ein üblicher Glühstrumpf leuchtet mit etwa 80 Watt Leistung. Die Kosten für eine Glühstrumpfleuchte liegen zwischen 40 bis 70 Euro.

••

EXPERIMENT: LEUCHTENDER GLÜHSTRUMPF

Sie brauchen:
1 Glühstrumpf (Bergsportladen, meist im Dreierpack
   für ca. 10 Euro)
Feuerzeug
Pinzette aus Metall

Durchführung: Gehen Sie ins Freie. Packen Sie einen Glühstrumpf-Rohling aus und halten Sie ihn mit Hilfe einer Metallpinzette. Zünden Sie den Glühstrumpf mit dem Feuerzeug von mehreren Seiten an und beobachten Sie, was passiert. Der Glühstrumpf verbrennt und wird nach einigen Minuten schneeweiß. Nun ist der Glühstrumpf bereit: Halten Sie eine groß gestellte Feuerzeugflamme an den Glühstrumpf. An der Kontaktstelle leuchtet der Glühstrumpf hell weiß. Allerdings wird das Leuchten deutlich besser, wenn man statt des

Feuerzeuges einen richtigen Butangasbrenner mit sehr heißer Flamme benutzt.

....

Flüssiger Stahl aus Rost: das Thermit-Verfahren

Um 1897, mitten in der Zeit des «Wilden Westens», nahm Hans
Goldschmidt stinknormales, billiges Rostpulver (Eisenoxid, eine
Verbindung aus Eisen und Sauerstoff) und vermischte es mit
Aluminiumpulver im Verhältnis 60 (Rost) zu 40 (Aluminium)
Anteilen. Was glauben Sie, was dabei herauskam? Eine Revolu-
tion! Dieses Gemisch hat es nämlich in sich, ist aber trotzdem
völlig harmlos. Man kann mit einem Hammer draufschlagen –
nichts passiert. Man kann eine Flamme dranhalten – null Reaktion. Ein scheinbar toter Hund, eigentlich klar, denn Rost brennt
nicht. Aber wehe, wenn es einmal gezündet ist, dann fliegen
die Funken und die Fetzen, und es entwickelt sich eine gewaltige Hitze von 2400 °C. Das ist so heiß, dass sogar Eisen schmilzt
(Schmelztemperatur von Eisen: 1535 °C). Aus dem Rost wird dabei der Sauerstoff entzogen, es entsteht reines, flüssiges und
kohlenstofffreies Eisen, also Stahl. Der freiwerdende Sauerstoff
wechselt seinen Platz und verbindet sich mit dem Aluminium
zu Aluminiumoxid.

Es gibt zwei Gründe, warum dieses Gemisch so unglaublich
heiß wird: Erstens liegt in der Mischung durch den hohen Anteil von Rost konzentrierter Sauerstoff vor, der die Verbrennung
vorantreibt. Zweitens entstehen bei der Reaktion keine Gase, wie
etwa beim Schwarz- oder Nitropulver. Die ganze Energie bleibt
im Gemisch auf engstem Raum zusammen und geht nicht als
heißes Gas «verloren». Goldschmidt nannte seine Mischung
treffsicher «Thermit». Statt mit Aluminium kann man auch
mit Kohlenstoff (Koks) den Sauerstoff vom Eisenoxid entziehen.

Dies ist der klassische Hochofenprozess zur Eisen- bzw. Stahlgewinnung aus Eisenerz. Um aus dem Eisen den enthaltenen Kohlenstoff wieder herauszukriegen, pustet man kräftig Sauerstoff ins flüssige Roheisen. Dabei wird der Kohlenstoff zu Kohlendioxidgas umgewandelt und entweicht.

Man hat mit dem «Thermit-Verfahren» erstmals Eisenbahnschienen zusammengeschweißt, denn Gasschweißgeräte gab es in der Frühzeit des Eisenbahnbaus noch nicht. Dabei werden 9 Kilogramm Thermit-Gemisch in ein trichterartiges, feuerfestes Gefäß geschüttet, welches genau über eine 25 Millimeter breite Lücke zwischen zwei aneinandergelegte Eisenbahnschienen positioniert wird. Das geschmolzene Eisen (etwa 3,8 Kilogramm) fließt zwischen den beiden Schienenenden und verschweißt diese miteinander. Abschleifen, fertig. Gerade im «Wilden Westen» hat das Thermit-Verfahren den Ausbau der Eisenbahn und damit die wirtschaftliche Erschließung erheblich beschleunigt und verbessert. Vor dem Schweißverfahren wurden die einzelnen Schienenstränge mühselig mit unzähligen Nieten und Klemmen fixiert. Die Schienenenden hatten immer ein bisschen «Spielraum». Dies hatte das typische, monotone «Rattern» der Waggons zur Folge, wenn die Räder über die Lücken sausten. Außerdem gab es etliche Entgleisungsunfälle, weil die Schienen auch mal seitlich verrutschten.

Vor über 100 Jahren erfunden, dient das Thermit-Verfahren bis heute weltweit als Schweißverfahren, um Eisen- und Straßenbahnschienen qualitativ unübertroffen zusammenzuschweißen. Sie können das überall dort beobachten, wo Tramschienen erneuert oder neu gebaut werden. Ich lebe seit 1997 in Dresden. Gerade nach der Wende wurden hier massenhaft Gleise neu verlegt und entsprechend verschweißt. Welch ein schöner Anblick war das immer, wenn ich reihenweise die glühend grellen Trichter über den Schienen sah.

Mit einem Sieb Feuer löschen

Sir Humphry Davy, Chemie-Professor aus England, erfand 1815 eine Sicherheitslampe für Kohlegruben. Methan – das allseits gefürchtete Grubengas – hatte bis dahin immer wieder (aufgrund der offenen Flammen in den Beleuchtungslampen) zu verheerenden Explosionsunfällen geführt. Davys Grubenlampe war mit einem feinen Metallnetz aus Kupfer umhüllt, das die Hitze der Flamme aufnahm und verhinderte, dass das Methangas explodiert. Das können Sie selbst mit einem einfachen Experiment nachvollziehen.

....

EXPERIMENT: ABKÜHLUNG DURCH METALL

Sie brauchen:
1 feinmaschiges Drahtnetz aus Metall (z. B. Teesieb)
2 Feuerzeuge oder Gasanzünder
1 Helfer

Durchführung: VORSICHT beim Umgang mit Feuer!

Experiment A: Halten Sie die Flamme Ihres Feuerzeugs unter das feinmaschige Metallsieb und beobachten Sie die Flamme! Die Flamme schlägt durch das feinmaschige Drahtnetz nicht durch, sondern wird unter das Drahtnetz zurückgedrängt. Es sieht so aus, als ob die Flamme wie in einem Käfig eingesperrt wird. Drückt man das Drahtnetz vollständig auf das Feuerzeug, erlischt sogar die Flamme. Die Flammen gelangen – wenn überhaupt – erst dann durch die feinen Maschen, wenn diese rot glühend geworden sind.

Experiment B: Halten Sie das Feuerzeug unter das feinmaschige Metallsieb. Öffnen Sie die Gaszufuhr des Feuerzeugs, ohne das Gas zu zünden! Mit einem zweiten Feuerzeug entzündet ein Helfer nun das Gas **oberhalb** des Drahtnetzes. Beobachten Sie die Flamme! Die Flamme brennt nur oberhalb des Netzes. Unterhalb des Netzes strömt lediglich das Gas nach oben. Dieses kann man nun auch noch anzünden, sodass wieder die gesamte Brennerflamme brennt.

Erklärung: Metall ist ein phantastischer Wärmeleiter. Das feinmaschige Metalldrahtnetz leitet die Wärme so gut ab und kühlt daher das Gas so sehr, dass es nicht mehr heiß genug ist, auf der anderen Seite zu entflammen. Es wird unter seine Entzündungstemperatur abgekühlt. So wird ein Durchschlagen der Flamme von der einen auf die andere Seite verhindert. Bei Experiment B brennt das Gas nur oberhalb des Drahtnetzes. Erst wenn das Drahtnetz heiß genug ist (Rotglut) und die Wärme nicht mehr abgeleitet werden kann, schlägt die Flamme durch.

Die Wirkung ist wirklich verblüffend. Vor vielen Jahren hat sich bei mir in der Küche das zu heiße Fett in der Pfanne urplötzlich spontan entzündet. Zuerst suchte ich einen passenden Deckel zum Draufstülpen, fand in der Eile aber keinen, sondern nur die Anti-Spritzabdeckung. Das ist ein feinmaschiges, flaches Metallsieb gegen Fettspritzer. Als ich dieses Teil über das Flammenmeer legte, ging das Feuer wieder aus. Könnte man nicht jeden Brand auch mit Hilfe von vielen feinmaschigen Drahtnetzen löschen, die man auf die Flammen wirft? Das würde tatsächlich funktionieren, ist im Alltag aber eher unpraktisch.

> **Wärmeleitfähigkeit einiger Stoffe:**
>
> Silber und Kupfer sind absolute Spitzenreiter, gefolgt von Zink und Eisen, abgeschlagen sind Beton, Glas und Stein. Absolute Wärmeleitfähigkeitsnieten sind die Dämmstoffe, wie z. B. Styropor, Mineralwolle, Polyurethanschaumstoff, Kork. Das ist aber auch gut so.

Gib Gummi – Hightech vom weinenden Baum

Den weißen Milchsaft einer Pflanze – allgemein auch als Latex bezeichnet – haben Sie bestimmt schon mal gesehen oder sogar an den Fingern gehabt. Wenn Sie Löwenzahn pflücken, läuft weißer Milchsaft aus dem Stängel. Der Gummibaum oder der immergrüne Ficus im Wohnzimmer gehören zu den Milchsaftgewächsen. Knicken oder schneiden Sie ein Blatt oder einen Ast ab, rinnt augenblicklich das weiße Zeug aus der «Wunde» und tropft Ihren schönen Teppich voll. Da habe ich gleich einen Reinigungstipp für Sie: Mit Reinigungsbenzin kriegen Sie den Teppich wieder sauber, weil Latex vor allem aus Kohlenwasserstoff-Molekülen besteht, und die sind – wie fast alle Kohlenwasserstoff-Verbindungen – in Benzin löslich. Übrigens kann man auch im Teppich oder am Schuh klebende Kaugummis mit Benzin auflösen und somit leicht entfernen. Der bekannteste Milchsaftspender ist sicherlich der Schlafmohn. Aus dem Latex der unreifen Kapselfrüchte gewinnt man Opium und Morphin. Sämtliche Milchsäfte enthalten hauptsächlich Terpene (Methyl-Butadien-Einheiten) und je nach Pflanzenart spezifische andere Substanzen, wie z. B. Zucker, Öle, Harze, Enzyme, Alkaloide (Morphin-Abkömmlinge) u. v. a. Milchsaft hat eine dickflüssige Konsistenz und härtet an der Luft aus.

Der Kautschukbaum *(Hevea brasiliensis)* ist mit Abstand der wichtigste Lieferant für Naturkautschuk. Sein Milchsaft enthält 30 bis 40 Prozent Kautschuk. Dieses gummiartige Material war schon den Ureinwohnern Mittel- und Südamerikas seit 1600 v. Chr. bekannt. In Amazonien nennt man den Kautschukbaum cao (Baum) ochu (Träne), also in etwa «weinender Baum». Ein naher Verwandter ist die malaiische Version namens Guttaperchabaum, der das Guttapercha, den getrockneten Milchsaft liefert.

Der Grundbaustein des Kautschuks – allgemein auch einfach nur Gummi genannt – ist ein Kohlenwasserstoff-Molekül namens Methyl-Butadien (Isopren), besteht u. a. aus fünf Kohlenstoffatomen und sieht aus wie ein Y mit einem Knick in einem «Ärmchen». Über eine «Arm-Fuß»-Verknüpfung sind die Methyl-Butadien-Einheiten zu langen Ketten miteinander verknüpft. Diese langen «Seile» verleihen dem Naturkautschuk bzw. Naturgummi eine gewisse Elastizität. Zwar war Naturkautschuk in Europa seit etwa 1751 bekannt, alltagstaugliche Produkte kamen jedoch erst zehn Jahre später auf den Markt: 1761 gab es die ersten Gummischläuche, mit den heutigen Gummischläuchen jedoch kaum zu vergleichen. Im Jahr 1770 wurde der Radiergummi erfunden, und die Brüder Montgolfier ließen ihren Wasserstoffballon 1785 aus gummierter Seide anfertigen. Aufgrund der absolut wasser- und regenfesten Eigenschaft von Kautschuk wurden neben Gummistiefeln auch Regenmäntel mit einer Leinen-Kautschuk-Leinen-Schicht vom schottischen Chemiker Charles Macintosh (1766–1843) hergestellt, die sich großer Beliebtheit erfreuten – zumal im regnerischen England. Der «Macintosh» war damals das Synonym für Regenmantel, so wie heute jedes Papiertaschentuch Tempo heißt. Doch bis zum Jahr 1839 hatten sämtliche Kautschukprodukte drei gravierende Nachteile. Bei heißem Sommerwetter ab 30 °C wurde der Kautschuk klebrig, und bei kaltem Winterwetter wurde er steif und hart wie ein Brett und zudem durch Oxidation schnell spröde und brüchig.

Dann kam der Amerikaner Charles Goodyear (1800–1860), ein umtriebiger Geschäftsmann mit Tüftlersinn. Ab 1833 produzierte er Gummi-Artikel aus Naturkautschuk und suchte jahrelang nach einer verbesserten Materialeigenschaft. Dazu behandelte Goodyear den Naturkautschuk mit allen nur denkbaren Chemikalien der damaligen Zeit – Säuren, Laugen, Salzen,

Metalloxiden, Ruß, Farbstoffen, Lösungsmitteln wie Terpentin, Ether usw. Ohne nennenswerten Erfolg.

1832 und 1838 hörte Goodyear von zwei Experimenten, bei denen Kautschuk mit Schwefel versetzt wurde, was unter Einwirkung von Sonnenlicht zu verbesserten Eigenschaften führte. Das brachte Goodyear 1839 auf die bahnbrechende Idee: Er erhitzte eine Mischung aus Naturkautschuk und 3 bis 5 Prozent Schwefelpulver zusammen mit etwas Bleiweiß (Bleicarbonat, hat einen schönen Glanz), und heraus kam hochelastisches Gummi. Durch den Einsatz von Schwefel wurden die einzelnen Methyl-Butadien-Ketten über regelmäßige Schwefelbrücken aus drei oder mehreren Schwefelatomen miteinander «verflochten» bzw. quer vernetzt. Die Schwefelbrücken fungieren dabei wie Spiralfedern, die man reversibel dehnen und strecken kann. Dabei ist die Elastizität des Gummis direkt abhängig von der Anzahl der Schwefelbrücken, von dem Grad der Vernetzung. Je mehr Schwefel im Gummi ist, desto härter wird er. Goodyear nannte sein Verfahren treffsicher «Vulkanisation» – wahrscheinlich aufgrund der durch Hitze und Schwefel gegebenen «vulkanösen» Bedingungen. Der chemisch korrekte Begriff lautet Polymerisation (Verknüpfung kleiner Moleküleinheiten zu großen, langen Moleküleinheiten). Heute setzt man bei der Vulkanisation kein Schwefelpulver, sondern flüssiges Dischwefeldichlorid (S_2Cl_2) zusammen mit Reaktionsbeschleunigern ein. Spricht man heute von Gummi, Latex oder Kautschuk, dann ist stets die bereits vulkanisierte Variante gemeint, eine Veredelung

Hauptlieferanten für Naturkautschuk sind Thailand, Indonesien, Malaysia und Indien mit ca. 6 Millionen Tonnen pro Jahr. Die weltweite Produktion von synthetischem Kautschuk (Polybutadien, Styrol-Butadien-Kautschuk, Neopren, Butyl-Kautschuk u. a. beläuft sich auf gut 10 Millionen Tonnen jährlich.

Weichgummi enthält 0,25 bis 5 % Schwefel

Hartgummi enthält 20 bis 50 % Schwefel

erster Klasse. Die Veredelung ist ein allgemeines, häufig verwendetes Prinzip in der chemischen Forschung. Man sucht oder findet ein interessantes Naturprodukt und kommt durch meistens geringfügige chemische Veränderungen, quasi durch eine künstliche Evolution, zu einem besseren Produkt mit sensationellen Eigenschaften. Gummi ist ein Paradebeispiel dafür, etliche Medikamente basieren auf diesem Prinzip (Taxol aus der Eibe gegen Krebs, Opiate als Schmerzmittel, Sexualhormone für die «Pille» usw.).

Die Liste der technischen Anwendungen war und ist riesig. 1870 produzierte Goodyear serienmäßig Kondome aus zwei Millimeter dickem Gummi (bestehend aus zwei zusammengenähten Hälften). Julius Fromm (1883–1945), ein jüdischer Gummifabrikant aus Berlin, brachte 1916 das weltweit erste Marken-Kondom ohne störende und unsichere Naht auf den Markt. Dazu tauchte er Glaskolben in flüssigen Kautschuk und ließ ihn trocknen. Ganz ähnlich werden übrigens auch Luftballons hergestellt. Es wurden täglich 150000 Kondome produziert, ab 1926 sogar unglaubliche 24 Millionen «Frommser». Fromms stand als Synonym für das Verhüterli und wurde ein Welterfolg. Kein Wunder, dass sich schon bald Komiker dieses Phänomens annahmen: «Wenn's euch packt, nehmt Fromms Act».

Fromms Unternehmen war in heutiger Währung ca. 120 Millionen Euro wert und wurde wie alle jüdischen Unternehmen im Dritten Reich zwangsenteignet. Fromm emigrierte nach London.

Weitere Produkte aus Natur-Kautschuk sind OP-Handschuhe, Einmalhandschuhe, Theaterrequisiten, Masken und Trickfilm-Kreaturen sowie im aufgeschäumten Zustand Latex-Matratzen.

Synthetisch hergestellter SBR-Kautschuk

Eine typische Gummimischung für Pkw-Reifen besteht aus ca. 42 % SBR, 18 % Naturkautschuk, 28 % Ruß, 1 % Schwefel, 3 % Weichmacher und 8 % weiterer Stoffen.

aus Styrol und Butadien (Styrol-Butadien-Rubber) wird aufgrund seiner Härte vor allem für Autoreifen, Dichtungen und Transportbänder eingesetzt. Bei Autoreifen bewirkt der Zusatz von Ruß (Kohlenstoff) einen reduzierten Abrieb. Das ist der Grund, warum Reifen immer schwarz sind. Das weltweit bekannte Neopren erhält man aus Chlor-Butadien (Chloropren), das während der Vulkanisation zusätzlich mit Treibgas aufgeschäumt wird. Neopren kommt vor allem bei Wassersportanzügen, Isolierungen und Dämmungen zum Einsatz.

ZUSAMMENFASSUNG

Diese hier von mir aufgeführten historischen Erfindungen zeigen natürlich nur einen winzigen Ausschnitt der herausragenden Entdeckungen der Vergangenheit. Wenn Sie mehr über die Geschichte chemischer Entdeckungen erfahren möchten, kann ich Ihnen das über 300 Seiten starke Werk von Otto Krätz, *7000 Jahre Chemie* nur wärmstens empfehlen.

Rätselfragen des Alltags

1. *Warum wird Gummi im Laufe der Zeit brüchig und spröde?*
   a) Weil das im Gummi enthaltene Wasser allmählich verdunstet.
   b) Weil sich nach und nach Butadien-Moleküle autokatalytisch abspalten.
   c) Weil die Schwefelbrücken nach und nach durch Luftsauerstoff aufgebrochen werden.

2. Warum heißen in Großbritannien die Gummistiefel «Wellies»?

a) Weil der britische Arthur Wellesley, 1. Duke of Wellington (1769–1852), den klassischen Schnitt der Gummistiefel erfunden hat («Wellington Boots»).

b) Weil die Füße bequem und gut («well») in Gummistiefel passen.

c) Weil die ersten Gummistiefel von den Ureinwohnern Neuseelands nahe der Stadt Wellington erfunden wurden.

3. Was bedeutet umgangssprachlich «Gib Gummi!»?

a) «Kipp den Kümmerling runter» auf Sächsisch.

b) «Her mit dem Kondom!» Übliche Floskel beim One-Night-Stand.

c) «Los, beeil dich!» So schnell mit dem Auto anfahren, dass ein schwarzer Gummiabrieb auf der Straße zurückbleibt.

(Lösungen siehe S. 256)

Anhang

Glossar

Adenosintriphosphat (ATP)

Universelles Energiespeicher-Molekül aller Lebewesen. Dieses Molekül kann in jeder Zelle sofort Energie freisetzen und somit alle Energie liefernden und Energie verbrauchenden Prozesse im Organismus steuern. ATP besteht aus drei Molekülteilen: der organischen Base Adenin, dem 5-Ring-Zucker Ribose sowie den drei Phosphaten. Die Rolle als Hauptenergiequelle in allen Zellen wurde bereits 1941 von Fritz Lipmann (Nobelpreis für Medizin 1953) entdeckt.

Aktivierungsenergie

Energie, die benötigt wird, um eine chemische Reaktion (Umsetzung) zu starten. Sie kann in Form von Erwärmung, Hitze, Feuer, Licht, (UV-)Strahlung, Reibung, Schlag, Stoß oder Funken den Reaktionspartnern zugeführt werden.

Aminosäuren

Bausteine der Eiweiße (Proteine). Es gibt insgesamt 20 natürlich vorkommende Aminosäuren, die von der Erbsubstanz DNS codiert werden. Sie sind die «proteinogenen» Bausteine sämtlicher Proteine in allen Lebewesen – in Menschen, Tieren, Pflanzen und Mikroorganismen. Darüber hinaus gibt es aber noch Hunderte anderer Aminosäuren, die beispielsweise während des Stoffwechsels gebildet werden oder in Bakterien zu finden sind.

Anregung

Wenn Elektronen von Atomen oder Molekülen durch Erwärmung, Erhitzen, Bestrahlung mit Licht oder anderen Energiewellen oder durch eine chemische Reaktion in ein höheres Energieniveau gebracht werden, spricht man vom angeregten Zustand. Wichtige Beispiele: Fluoreszenz, Phosphoreszenz, Chemolumineszenz (kaltes Licht), Flammenfärbung.

Antioxidantien

Radikalfänger, die energiereiche, schädliche Kohlenstoff- und Sauerstoffteilchen abfangen.

Atom

Winzig kleines, elektrisch neutrales Teilchen, das aus einem elektrisch positiven Atomkern und einer negativ geladenen Elektronenwolke besteht. Beispiele: Kohlenstoff (C), Eisen (Fe), Stickstoff (N), Sauerstoff (O), Wasserstoff (H). Ein einziges Eisenatom wiegt nur 0,000 000 000 000 000 000 000 09 Gramm!

Bakterien

Einzelliger, selbständiger Mikroorganismus ohne Zellkern (Prokaryoten genannt).

Calcium (Ca)

Ordnungszahl 20, Massenzahl 40 (20 Protonen, 20 Elektronen, 20 Neutronen), Atomgewicht 40 g / mol, weiches Metall, fest, brennbar, ist Bestandteil vieler natürlicher Minerale, von Gips und Kalkstein. Mit rund einem Kilogramm ist Calcium der mengenmäßig am stärksten vertretene Mineralstoff im Menschen, 99 Prozent davon befinden sich in den Knochen und Zähnen. Wichtiger Signalstoff bei der Erregung von Muskeln und Nerven sowie beim Stoffwechsel.

chemische Formel

Die chemische Formel beschreibt die atomare Zusammensetzung einer Substanz. Sie kann sowohl die Anzahl und Häufigkeit einzelner Atome in einem Molekül zusammenfassen als auch über die Struktur der Verbindung Auskunft geben, je nachdem welche Formelschreibweise benutzt wird. Es gibt acht verschiedene Formeltypen.

chemisches Gleichgewicht

Jede Reaktion besteht aus einer Hin- und einer Rückreaktion. Wenn bei einer chemischen Umsetzung die Geschwindigkeit der Hinreaktion gleich groß ist wie die Geschwindigkeit der Rückreaktion, befindet sich die Reaktion im dynamischen Gleichgewicht. Anders ausgedrückt: Die Geschwindigkeit der nach außen hin beobachtbaren Reaktion ist gleich null. Beispiel: Die Verbrennung von Eisen mit Schwefel zu Eisensulfid erfolgt nach Zündung sehr schnell. Die Geschwindigkeit der von links nach rechts laufenden Reaktion nimmt nach Beginn der Zündung immer weiter ab, bis die Geschwindigkeit der Hinreaktion (Eisen und Schwefel zu Eisensulfid) genauso groß ist wie die Rückreaktion (Eisensulfid ergibt Eisen und Schwefel) – nämlich ziemlich klein. Die Reaktion ist zum Stillstand gekommen und befindet sich im chemischen Gleichgewicht.

Chlor (Cl_2)

Ordnungszahl 17, Massenzahl 35 (17 Protonen, 17 Elektronen, 18 Neutronen), Atomgewicht (Cl) 35 g / mol, gasförmig, giftig, gelbgrün, gehört zur Gruppe der Halogene (Salzbildner), ist Bestandteil des Kochsalzes Natriumchlorid. Wichtiges Element bei der Signalweiterleitung in Nervenzellen. Dient als Ladungsaustausch in Nervenzellen und zur Aufrechterhaltung des Salzgehaltes der Zellen. Spielt in Kunststoffen eine große Rolle (Polyvinylchlorid = PVC, Chlorbutadien-Kautschuk = Neopren).

DNS

Desoxyribonukleinsäure – Trägerin der Erbinformation (Gene).

Edelgas

Einatomiges, gasförmiges, sehr stabiles und inertes Element (Helium, Neon, Argon, Krypton, Xenon, Radon (fest, radioaktiv)).

Eisen (Fe)

Ordnungszahl 26, Massenzahl 56 (26 Protonen, 26 Elektronen, 30 Neutronen), Atomgewicht 56 g / mol, festes Metall, ist Bestandteil vieler natürlicher Erze (Eisenoxide). Als Stahl wichtigster Werk- und Baustoff der Menschheit. Über eine Milliarde Tonnen Eisenerz werden pro Jahr abgebaut. Eisen kann magnetisiert werden und kommt daher bei Generatoren, Transformatoren und Elektromotoren großtechnisch zum Einsatz. Eisen ist mit Nickel der Hauptbestandteil des Erdkerns. Im Blut sorgt das zentrale Eisenatom im Hämoglobin für die Sauerstoffbindung.

Elektronen

Kleinste negativ geladene Elementarteilchen, die ständig in Bewegung sind und in unterschiedlichen Bahnen bzw. Aufenthaltsräumen um den Atomkern eines Atoms kreisen.

Element

Materie aus Atomen gleicher Art, z. B. Wasserstoff (H_2), Sauerstoff (O_2), Silicium (Si), Eisen (Fe), Aluminium (Al), Kohlenstoff (C), Schwefel (S), Chlor (Cl). Es gibt 92 natürlich vorkommende Elemente auf der Erde. Elemente sind die Grundstoffe der Natur.

Emulgator

Vermischungsvermittler zwischen zwei unmischbaren Flüssigkeiten wie Öl und Wasser.

Energie

Energie ist eine physikalische Größe, die Kraft und Arbeit in Gang setzt. Sie kann Wärme erzeugen, eine chemische Reaktion verursachen, elektrischen Strom generieren oder (Licht-)Strahlung hervorrufen. Energie kann in verschiedenen Formen vorkommen: als kinetische Energie in Form von Geschwindigkeit, als potenzielle Energie in Form von Lageenergie (Kraftenergie) und als chemische Energie (Reaktionswärme: Feuer, Hitze, Glut).

Entzündungstemperatur

Die Temperatur, bei der sich ein Brennstoff entzündet, kann je nach Brennstoff sehr unterschiedlich sein: Phosphor 60 °C, Heizöl 220 °C, Schwefel 250 °C, Holz 300 °C, Papier 360 °C, Zucker 410 °C, Kohlen 400 bis 500 °C, Alkohol 400 bis 500 °C, Benzin 470 bis 530 °C.

Enzyme

Molekulare Werkzeuge und Maschinen, die in Lebewesen vorkommen. Die allermeisten Enzyme sind Proteine und haben ganz bestimmte chemische Aufgaben: Abspalten, Transportieren, Zusammenfügen, Beseitigen von Molekülen. Sie katalysieren so gut wie jede biochemische Reaktion im Körper.

Gefrierpunkt

Übergang vom flüssigen in den festen Zustand (beispielsweise Wasser zu Eis, Kupferschmelze zu Kupferplatten). Genauer gesagt ist der Gefrierpunkt diejenige Temperatur, bei der sich das Gleichgewicht zwischen flüssigen und festen Teilchen eingestellt hat.

hydrophil / hydrophob

wasseranziehend / wasserabweisend.

Isotop

Atome mit gleicher Protonenzahl, aber unterschiedlicher Neutronenzahl. Beispiel: In der Natur kommt Kohlenstoff als ^{12}C mit 6 Protonen, 6 Elektronen und 6 Neutronen zu 98,9 Prozent vor. 1,1 Prozent liegen als ^{13}C vor, d. h. mit 6 Protonen, 6 Elektronen und 7 Neutronen.

Katalysator

Substanz, die eine chemische Reaktion beschleunigt, indem sie die Aktivierungsenergie senkt. Während der Reaktion verbraucht sich ein Katalysator nicht. Enzyme werden häufig als «Biokatalysatoren» bezeichnet.

Kernreaktion

Chemische Reaktion der Atomkerne (Kernspaltung, Kernfusion).

Kohlenhydrate

Natürliche, energiereiche Verbindungen aus Kohlenstoff, Sauerstoff und Wasserstoff, zu denen hauptsächlich Zucker, Stärke und Cellulose gehören. Sie werden in den Pflanzen durch die Fotosynthese hergestellt und spielen als biologische Energieträger für alle Lebewesen und als Bausubstanz für die Pflanzen eine bedeutende Rolle. Chemisch bezeichnet man Kohlenhydrate als Monosaccharide (Einfachzucker wie Glucose), Disaccharide (Zweifachzucker wie Saccharose) und Polysaccharide (wie Stärke, Cellulose).

Kohlenstoff (C)

Ordnungszahl 6, Massenzahl 12 (6 Protonen, 6 Elektronen, 6 Neutronen), Atomgewicht 12 g / mol, fest, kommt als Kohle (Graphit) und als Diamant in der Natur vor. Neben Sauerstoff und Wasserstoff einer der drei wichtigsten Grundbausteine aller organischen Moleküle wie Kohlenhydrate, Proteine und Fette. Bedeutung in der Nanotechnologie bei der Herstellung ultradünner Röhren aus Kohlenstoff.

Kristall / Kristallform

Fester Körper, dessen Atome oder Moleküle regelmäßig und fest in einem Gitter angeordnet sind. Klassische Kristalle bilden z. B. Mineralien, Kochsalz, Eis, Metalle. Aber auch organische Verbindungen wie Polymere (Kunststoffe) und Fette mit ihren regelmäßigen, langen Molekülketten können Kristallformen ausbilden.

Leitfähigkeit

Eigenschaft einer Substanz, eine physikalische Größe zu transportieren, wie z. B. den elektrischen Strom oder die Wärme.

Lichtgeschwindigkeit

Die im Universum bisher schnellste, gemessene Geschwindigkeit: 300 000 km/s (1,08 Milliarden km/h).

Lösung

In einem Lösungsmittel aufgelöste Teilchen, z. B. Kochsalzlösung, Kaffee, Tee. Man spricht von einer Lösung, wenn sich die Teilchen vollständig und klar aufgelöst haben. Kakao beispielsweise ist keine Lösung, sondern eine Aufschwemmung (Suspension).

Lösungsmittel

Reine Flüssigkeit, die nur aus gleichen Molekülen besteht.

Luftdruck

Der Druck der Atmosphäre auf die Erde auf Meereshöhe liegt bei 1,013 bar = 1013 mbar = 1013,3 hPa = 101,33 kPa; 1,013 bar = $1,013 \times 10^5$ Pa

Makrokosmos

Alles, was größenmäßig oberhalb von einem Kilometer liegt.

Maßeinheiten

Energie, Wärmemenge: kcal (Kilokalorie); kJ (Kilojoule), MJ (Megajoule) gibt den Energiewert eines Stoffes, beispielsweise eines Nahrungsmittels, an (Brennwert bei Oxidation mit Sauerstoff). 1 kcal = 4187 J; kWh (Kilowattstunde) ist diejenige Energie, die ein Energieverbraucher

(z. B. Waschmaschine, Staubsauger, Licht) mit der Leistung von einem Watt in einer Stunde aufnimmt und verbraucht. Ein Watt entspricht der Leistung von einem Joule pro Sekunde.

Druck: kPa (Kilopascal), hPa (Hektopascal); bar (Newton pro $m^2 = kg/m \times s^2$), mbar (Millibar) gibt die Kraftwirkung von Gasen oder Flüssigkeiten auf eine Fläche an.

Molekulargewicht: g/mol gibt das Gewicht von 6×10^{23} Teilchen des Moleküls in Gramm an.

Zeit: 10^{-6} s (Mikrosekunde)

Volumen: ml (Milliliter)

Länge: nm (Nanometer = 10^{-9} m = 1 Milliardstel m)

Temperatur: °C (Grad Celsius) oder K (Kelvin); 0 °C = 273,15 K, 100 °C = 373,15 K

Schalldruckpegel: dB (Dezibel) gibt die Stärke eines Schallereignisses an, z. B. Knall, Explosion, Boxen beim Konzert, Lärm eines Flugzeugs.

Massenzahl

Gewicht eines Atoms – im Wesentlichen bestimmt durch seine Anzahl an Protonen und Neutronen. Die um den Faktor 2000 leichteren Elektronen kann man getrost vernachlässigen.

Mikrokosmos

Alles, was größenmäßig unterhalb von einem Millimeter liegt.

Mikroorganismen

Mikroskopisch kleine Lebewesen oder lebensfähige Strukturen wie Bakterien, Viren, Pilze, Einzeller, Algen, die mit bloßem Auge nicht zu sehen sind.

Mineral(-salz)

In der Natur gebildete, stabile, meist wasserunlösliche Metallverbindungen mit Sauerstoff, Silicium, Phosphor, Halogenen und anderen Nichtmetallen. Es gibt etwa 5000 verschiedene Mineralien auf der Erde.

Mineralstoffe

Einzelne Elemente aus Mineralsalzen, wie z. B. Calcium, Natrium, Kalium, Zink, Phosphor, Fluor u. a.

Mol

Teilchenmenge oder Stoffmenge: 1 Mol = 6×10^{23} Teilchen.

Molekül

Teilchenverbund aus mindestens zwei Atomen, die über chemische Bindungen zusammengehalten werden.

Molekulargewicht / Molekülgewicht

Gewicht (in Gramm) von 6×10^{23} Teilchen eines Moleküls.

Natrium (Na)

Ordnungszahl 11, Massenzahl 23 (11 Protonen, 11 Elektronen, 13 Neutronen), Atomgewicht 23 g / mol, sehr weiches Metall, fest, brennbar, reagiert heftig mit Wasser, ist Bestandteil des Kochsalzes Natriumchlorid. Wichtiges Element bei der Signalweiterleitung in Nervenzellen.

Neutron

Elektrisch neutrales Elementarteilchen der Atomkerne mit der Masse eines Protons (Masse = $1{,}67 \times 10^{-27}$ kg).

Oberflächenmoleküle

Auf der Oberfläche einer Zelle verankerte Moleküle oder durch die Zellmembran hindurchgehende Transmembranmoleküle, deren Enden zum einen in die Zelle hineinragen, zum anderen aus der Zelle herausschauen. Klassisches Beispiel: Rezeptoren (Andockstellen für Botenstoffe).

Oxidation

Sauerstoffaufnahme bzw. Elektronenabgabe.

Phosphor (P)

Ordnungszahl 15, Massenzahl 31 (15 Protonen, 15 Elektronen, 16 Neutronen), Atomgewicht 31 g / mol, fest, brennbar, ist Bestandteil vieler natürlicher Minerale. Wichtiger Grundbaustein von ATP (Energieträger in Zellen) und der DNS (Erbsubstanz).

Polymerisation
Verknüpfung kleiner Moleküleinheiten zu großen, langen Moleküleinheiten.

Protein
Aus Hunderten bis Tausenden Aminosäuren aufgebautes Molekül, das langkettige, kugel- oder fadenförmige Strukturen annehmen kann.

Proteom
Gesamtheit aller Proteine in einem Lebewesen.

Proton
Elektrisch positives Elementarteilchen der Atomkerne mit der Masse eines Neutrons (Masse = $1,67 \times 10^{-27}$ kg).

Reaktionsgleichung
Ausformulierung der chemischen Umsetzung von Ausgangsstoffen zu Endprodukten auf Molekülebene.

Redoxgleichung
Kombination aus einer Oxidations-Reaktionsgleichung und einer Reduktions-Reaktionsgleichung.

Reduktion
Sauerstoffabgabe bzw. Elektronenaufnahme.

Sauerstoff (O_2)
Ordnungszahl 8, Massenzahl 16 (8 Protonen, 8 Elektronen, 8 Neutronen), Atomgewicht (O) 16 g/mol, gasförmig, brandfördernd, mit 60 Prozent das häufigste Element der Erde (Erdkruste = äußere Rinde), kommt vor in Gesteinen, Sand, Wasser, Luft. Luft enthält rund 21 Prozent Sauerstoff. Ohne Sauerstoff kein Feuer, keine Verbrennung, keine Oxidation, kein Stoffwechsel, kein menschliches oder tierisches Leben. Neben Kohlenstoff und Wasserstoff einer der drei wichtigsten Grundbausteine aller organischen Moleküle wie Kohlenhydrate, Proteine und Fette. Bedeutung als Raketentreibstoff und für die Brennstoffzelle.

Siedepunkt (Kochpunkt)

Durch Erhitzung einer Flüssigkeit, deren Dampfdruck so groß ist wie der äußere (Luft-)Druck, gehen alle Flüssigkeitsmoleküle in die Gasphase über. Die Flüssigkeit kocht. Die Temperatur steigt so lange nicht weiter an, bis alle Moleküle verdampft sind.

Silicium (Si)

Ordnungszahl 14, Massenzahl 28 (14 Protonen, 14 Elektronen, 14 Neutronen), Atomgewicht 16 g/mol, Halbmetall, fest, mit 21 Prozent das zweithäufigste Element der Erde (Erdkruste = äußere Rinde), kommt vor in Gesteinen, Sand in Form von Siliciumoxiden (Silikate). Große Bedeutung als Halbleiter in der Mikroelektronik. Grundmaterial der Solarzellen. Wichtige technische Bedeutung als Silikon für Schmiermittel und Dichtstoffe in der Bauindustrie.

Stickstoff (N_2)

Ordnungszahl 7, Massenzahl 14 (7 Protonen, 7 Elektronen, 7 Neutronen), Atomgewicht (N) 14 g/mol, gasförmig, unbrennbar. Luft enthält rund 78 Prozent Stickstoff. Wichtiger Grundbaustein der Aminosäuren und der DNS (Erbsubstanz).

Stoffwechsel

Verdauung, biochemische Aufarbeitung und Verwertung von Nahrung im Körper.

Thermodynamik

Es gibt zwei grundlegende Prinzipien in der Natur, die in zwei Hauptsätzen der Thermodynamik (Wärmelehre) zusammengefasst sind. Der erste handelt über die Erhaltung der Energie: In einem abgeschlossenen System (wie das der Erde), in dem sich beliebige mechanische, thermische, elektrische, optische oder chemische Vorgänge abspielen, bleibt die Gesamtenergie erhalten. Energie kann nicht erzeugt oder vernichtet werden. Alle in der Natur sich abspielenden Vorgänge sind irreversibel, d.h., es gibt keine Rückreaktionen. Der zweite Hauptsatz handelt von der Entropie. Die Natur bevorzugt denjenigen Zustand, in dem Masse und Energie möglichst gleichmäßig über den zur Verfügung stehenden Raum verteilt sind. Diese höhere «Unordnung» bezeichnet man als Entropie. Generell kann man daraus zweierlei ableiten: In einem abgeschlossenen System kann die Entropie niemals abnehmen, sondern sie bleibt bei reversiblen Vorgängen konstant und nimmt bei irreversiblen Vorgängen zu. Die Entropie im gesamten Weltgeschehen wächst beständig (da alle Vorgänge in der Natur irreversibel ablaufen).

Übergangszustand

Sehr kurzlebiges, energiereiches Stadium aus allen beteiligten Reaktionspartnern nach Erreichen der nötigen Aktivierungsenergie. Auf der Spitze des Energiebergs befinden sich die angenäherten und in ihrem Molekülgefüge aufgelockerten Reaktionspartner in einem gemeinsamen Verbund, der innerhalb von Bruchteilen einer Sekunde in die Produkte zerfällt. Generelles Beispiel: AB + CD werden über ABCD in die Produkte AD + BC umgesetzt. Chemische Beispiele: NO_2 + CO reagieren über CONOO zu CO_2 und NO, oder H_2 und Cl_2 reagieren über HHClCl zu 2 HCl.

Verdunstung

Bedingt durch den Dampfdruck einer Flüssigkeit, gelangen energiereiche Teilchen spontan vom flüssigen in den gasförmigen Zustand, bis sich ein Gleichgewicht zwischen flüssigen und gasförmigen Teilchen eingestellt hat. Werden die gasförmigen Teilchen dem System kontinuierlich entzogen, beispielsweise durch Öffnen eines Gefäßes, werden laufend gasförmige Moleküle nachgeliefert. Es tritt die Verdunstung der Flüssigkeit ein, ohne dass diese kocht.

Veredelung

Chemische Veränderungen an einem Molekül, um zu einem besseren Produkt mit veränderten (verbesserten) Eigenschaften zu gelangen.

Viren

Nicht selbständige Mikroorganismen, die sich nur in höher entwickelten Zellen oder Organismen vermehren und überleben können.

Wärmekapazität

Wärmeaufnahmefähigkeit

Wasserstoff (H_2)

Ordnungszahl 1, Massenzahl 1 (1 Proton, 1 Elektron), Atomgewicht (H) 1g/mol, gasförmig, brennbar, leichter als Luft. Neben Kohlenstoff und Sauerstoff einer der drei wichtigsten Grundbausteine aller organischen Moleküle wie Kohlenhydrate, Proteine und Fette. Bedeutung als Raketentreibstoff und für die Brennstoffzelle.

Wasserstoffbrückenbindung

Wasserstoffbrückenbindungen können sich immer dann ausbilden, wenn ein Wasserstoffatom in die Nähe eines Sauerstoff- oder Stickstoffatoms kommt. Wasserstoffatome sind in Molekülen stets ein bisschen positiv geladen, Sauerstoff- und Stickstoffatome sind in Molekülen stets ein bisschen negativ geladen, sodass es zu einer elektrischen Anziehung kommt. Diese relativ starke Anziehung ist beispielsweise die Ursache für den unerwartet hohen Siedepunkt von Wasser. Auch die Doppelhelix-Struktur der DNS wird allein durch Wasserstoffbrückenbindungen zwischen den Basenpaaren bewirkt.

Zeitreaktion

Eine zeitlich verzögerte chemische Reaktion. Die bekannteste Zeitreaktion ist die Umsetzung von Iod mit Sulfit bei Anwesenheit von Stärke, die sich nach einer bestimmten Zeit tiefblau färbt («Ioduhr»).

Zucker

Ein ringförmiges Kohlenhydrat aus Kohlenstoff, Sauerstoff und Wasserstoff. Die meisten Zucker liegen als Einzelmoleküle (Glucose = Traubenzucker, Fructose = Fruchtzucker, Ribose) oder als Zweifachzucker (Saccharose = Haushaltszucker, Maltose = Malzzucker) vor.

Lösungen zu den «Rätselfragen des Alltags»

1. Grundlagen für alle Chemie-Abwähler
Frage 1: a
Frage 2: b, c

2. Chemielabor Mensch
Frage 1: b
Frage 2: c

3. Chemische Delikatessen
Frage 1: c
Frage 2: c
Frage 3: b

4. Wenn Moleküle tanzen
Frage 1: a
Frage 2: c
Frage 3: b

5. Brenzlige Moleküle
Frage 1: a
Frage 2: b
Frage 3: c

6. Brisante Moleküle
Frage 1: a, b, c
Frage 2: b

7. Chemie in der Vergangenheit
Frage 1: c
Frage 2: a
Frage 3: c

Abbildungsnachweis

Aufmacherfotos im Innenteil: Thorsten Wulff
S. 69, 77: Andreas Korn-Müller
S. 131: nach Naumer/Heller (Hrsg.): Untersuchungsmethoden in der Chemie. Stuttgart 1986, S. 195
S. 180, 181: Roche Applied Science
S. 168, 187, 189: Daniel Sauthoff